形势与对策
——2020年全国气象优秀调研成果选

主　编：于新文
副主编：胡　鹏　周韶雄

气象出版社
China Meteorological Press

图书在版编目(CIP)数据

形势与对策：2020年全国气象优秀调研成果选 / 于新文主编. ---北京：气象出版社，2021.8
ISBN 978-7-5029-7500-5

Ⅰ. ①形… Ⅱ. ①于… Ⅲ. ①气象学-中国-文集 Ⅳ. ①P4-53

中国版本图书馆 CIP 数据核字(2021)第 145359 号

形势与对策——2020年全国气象优秀调研成果选
Xingshi yu Duice——2020 Nian Quanguo Qixiang Youxiu Diaoyan Chengguo Xuan

出版发行：气象出版社	
地　　址：北京市海淀区中关村南大街46号　邮政编码：100081	
电　　话：010-68407112（总编室）　010-68408042（发行部）	
网　　址：http://www.qxcbs.com　　E-mail：qxcbs@cma.gov.cn	
责任编辑：黄海燕	终　　审：吴晓鹏
责任校对：张硕杰	责任技编：赵相宁
封面设计：地大彩印设计中心	
印　　刷：三河市君旺印务有限公司	
开　　本：710 mm×1000 mm　1/16	印　　张：12.25
字　　数：254千字	
版　　次：2021年8月第1版	印　　次：2021年8月第1次印刷
定　　价：60.00元	

本书如存在文字不清、漏印以及缺页、倒页、脱页等，请与本社发行部联系调换。

《形势与对策——2020年全国气象优秀调研成果选》编委会

主　　　编：于新文
副 主 编：胡　鹏　周韶雄
研究组成员（按姓氏笔画排序）：

于　杰　于　波　王　伟　王文义　王立声
王邦中　王秀荣　王迎春　王鹏祥　扎　西
孔繁艳　叶宾宾　丛春华　冯　磊　邢亚争
任振和　仰美霖　刘　蕊　刘力威　刘正会
刘海川　孙天蕊　苏万康　李　刚（山东）
李　刚（辽宁）李肖霞　李春梅　杨　宁
杨　捷　杨卫东　杨红龙　杨志彪　杨金彪
张　健　张立生　张劭魁　张剑青　张爱民
陈振林　苗长明　林　霖　罗红艳　房志玲
赵　瑞　赵国强（北京）赵国强（河南）
赵空军　姚学祥　顾骏强　徐法彬　郭雪梅
曹卫平　曹品伟　彭　军　韩正国　程　磊
蔡　菁　蔡金玲　廖　军　熊亚丽　潘敖大

工作组成员（按姓氏笔画排序）：

方　勇　王　媛　刘可东　李　栋　李晓露
胡　赫　桑瑞星

把握新阶段 贯彻新理念 打造新格局
着力推动实现气象事业高质量发展
（代序）

于新文

深入学习领会和贯彻落实习近平总书记立足新发展阶段、贯彻新发展理念、构建新发展格局的重要论述和关于气象工作重要指示精神，进一步提高政治站位、认清形势任务，坚持问题导向、强化责任担当，扎实推动气象事业高质量发展，这既是主动融入党和国家工作大局的自觉行动，也是统筹气象改革发展的总揽布局。

一、把握新发展阶段，需要深刻认识气象事业发展的历史方位、发展阶段的主要特征

党中央作出进入新发展阶段的重大战略判断，立意高远、意义重大。习近平总书记指出，正确认识党和人民所处的历史方位和发展阶段，是我们党明确阶段性中心任务、制定路线方针政策的根本依据。就气象而言，新发展阶段是谋划气象工作的大背景、总依据，是气象贯彻落实新发展理念、助力构建新发展格局的现实依据。综合研判，新发展阶段，气象事业发展呈现出以下阶段性特征：

第一，气象事业发展正处于宽领域、优空间的关键期

新发展阶段，需要我们深刻认识、科学把握气象事业的战略定位。习近平总书记关于气象工作的重要指示，明确了气象工作要始终坚持服务国家服务人民的根本方向，明确了气象工作关系生命安全、生产发展、生活富裕、生态良好的战略定位。

把握这一战略定位必然要求我们不断拓宽服务领域，一是拓宽"服务面"，即要筑牢保障人民群众生命安全的第一道防线，又要为我国坚定走绿色发展、低碳发展和循环发展之路，走生产发展、生活富裕、生态良好的文明发展之路提供气象精密监测、精准预报和精细服务，为实现我国碳达峰、碳中和的目标提供有力支撑；二是拓展"服务链"，坚持趋利避害并举，既要巩固和增强气象综合防灾减灾、防范化解重大气象灾害风险的能力，又要发现和提升气候生产力，加快气候服务体系建设，发展和壮大生态环境、能源资源等生态文明领域气象保障服务能力；三是拓展"服务圈"，从天气向气候系统、地球系统拓展，既要关注大气圈、水圈相关研究，也要关注生物圈、岩石圈、近地空间及人类活动相关研究，为解决人类生存与可持续发展的资源供给、环境优化、减轻灾害等重大问题提供气象保障，为人类合理利用气候资源和保护地球环境提供支持。

把握这一战略定位必然要求我们着力做优气象发展空间，一是做优区域保障空

间,优化区域气象现代化布局,与京津冀、粤港澳、长三角等国家区域协调发展战略高效衔接、联动发展;二是做优城乡保障空间,根据"十四五"新型城镇化建设和乡村振兴战略的任务和需求,构建以大城市群、特色小镇和美丽乡村为重点的现代化城乡气象业务服务体系;三是做优海陆空保障空间,促进陆地、海洋、空中一体化气象监测、预报、预警等业务服务结构优化升级;四是做优国际国内保障空间,以"一带一路"六廊六路多国多港建设为引领,加强气象国际区域科技合作,推进气象全球监测、全球预报、全球服务。

第二,气象事业发展正处于解"卡"、激活的攻坚期

新发展阶段,是气象事业向更高层次迈进的阶段,需要确立更高的发展标杆。习近平总书记关于气象工作的重要指示,明确了新阶段推动气象事业高质量发展、加快建设气象强国的战略目标,明确了加快科技创新的战略途径,明确了"监测精密、预报精准、服务精细"的坐标取向,为气象事业标定了发展的历史方位。今年全国气象局会议,提出到2035年建成世界气象强国,以高水平的气象现代化更好服务国家现代化,标定了贯彻落实习近平总书记关于气象工作重要指示精神的时间表、路线图。

实现气象强国目标,最本质的特征是实现高水平的气象科技自立自强。当前,我国同发达国家气象科技实力差距主要体现在创新能力、数值预报水平、关键核心技术的掌控上。欧洲气象中心已向世界宣布,到2025年,地球系统模式集合预报实现全球分辨率5千米,提出了"2-4-1"发展目标,即提前2周有效预报高影响天气、提前4周预测大尺度天气形势和转型预报、提前1年预测全球尺度异常气候。现阶段,我国具有核心竞争力的关键业务技术水平受制于人的局面未能根本解决,需要我们充分发挥新型举国体制优势,把握"十四五"强化国家战略科技力量新机遇,加快攻克数值预报模式、多源观测资料再分析、智能预报预测、气象卫星遥感应用、气象观测装备等重点领域关键核心技术"卡脖子"难题,有效突破核心业务瓶颈制约,实现气象科技的自立自强,把握创新发展主动权。

实现气象强国目标,最为关键的是激活创新能力助推气象事业高质量发展。十四五"规划纲要提出,要坚持创新驱动发展,全面塑造发展新优势。新发展阶段,加快建成气象强国,不仅要把科技自立自强作为气象事业发展的战略支撑,也要坚持创新在气象现代化建设全局中的核心地位,面向世界科技前沿、面向经济主战场、面向国家重大战略、面向人民需求。围绕气象事业高质量发展"五个维度",即一是围绕实现气象服务保障生命安全、生产发展、生活富裕、生态良好的高质量发展新目标,二是围绕坚持防灾减灾"第一道防线"和趋利避害并举的高质量发展新任务,三是围绕走符合监测精密、预报精准、服务精细要求的智慧气象道路的高质量发展新路径,四是围绕从国内向"三个全球"拓展的高质量发展新格局,五是围绕立足创新驱动研究型业务的高质量发展新业态,激活创新能力、完善创新体系,全面塑造气象事业发展新优势。

第三,气象事业正处于优化、转型的窗口期

新发展阶段,是一个不会自然而然就可以跨越的阶段,需要我们拿出更强的责任担当,发挥更大的职能和作用。提高气象服务保障生命安全、生产发展、生活富裕、生态良好的能力,充分发挥气象防灾减灾第一道防线作用,加快科技创新、做到监测精密、预报精准、服务精细,实现更高水平的自立自强,都同机构设置、职能配置、履职能力、队伍结构密切相关,都需要通过深化事业单位改革来回答。

继2018年党和国家机构改革之后,2020年5月党中央对深化事业单位改革试点工作作出部署。中国气象局为试点部门之一进行改革试点,这是继1998年国务院对气象部门职能配置、内设机构和人员编制"三定"规定之后适应新发展阶段的一次新"三定"规定,是贯彻落实习近平总书记关于气象工作重要指示精神、确保党中央部署的各项改革发展任务在气象部门落到实处的重要保障,也是强化气象在国家自然灾害防御体系中的职能作用地位、强化气象在乡村振兴战略中的职能作用地位、强化气象在生态文明建设中的职能作用地位、强化气象在"一带一路"建设中的职能作用地位、强化气象在国防和军队现代化建设中的职能作用地位的一次战略机遇。

今年是优化、转型的重要时间窗口,迫切需要我们抓住机遇,充分发挥改革的突破和先导作用,以推进机构职能优化、协同高效为着力点,下决心破除制约高质量发展的体制机制弊端。一是优配置,聚焦高质量发展所需,优化职能配置、理顺职责关系,有统有分、有主有次、分工合理、运转协调,避免职责分散交叉;二是立支柱,从机构职能上突出天气气候模式一体化发展,突出天气、气候服务一体化设计,补气候服务短板,强应对气候变化弱项;三是定架构,构建有利于发展"全球观测、全球预报、全球服务"的工作体系,构建有利于推进天气、气候服务并举的工作体系,构建有利于发挥政府、市场作用的工作体系,构建有利于强化行业和部门管理的工作体系;四是强基础,充分发挥机构编制在管理全流程中的基础性作用,优化人员编制资源配置,加大编制统筹调配力度,推动队伍结构与业务布局、职能配置体系化、协同化,确保机构设置、职能配置、队伍结构与新阶段推动气象事业高质量发展相适应。

二、完整准确全面贯彻新理念,需要坚持问题导向、找准突破口

新发展理念是新时期我们党最重要的理论成果之一。新发展理念是一个系统的理论体系,回答了关于发展的目的、动力、方式、路径等一系列理论和实践问题,阐明了我们党关于发展的政治立场、价值导向、发展模式、发展道路等重大政治问题。就气象而言,贯彻落实新发展理念为把握新发展阶段、助力构建新发展格局提供了行动指南,需要我们完整把握、准确理解、全面落实,把新发展理念贯彻到气象工作全过程和各环节。不久前,习近平总书记在省部级主要领导干部学习贯彻党的十九届五中全会精神专题研讨班开班式上强调,全党必须完整、准确、全面贯彻新发展理念,并用"三个把握"进行了深入阐述,一是从根本宗旨把握新发展理念,二是从问题导向把握

新发展理念,三是从忧患意识把握新发展理念。习近平总书记强调,我国发展已经站在新的历史起点上,要根据新发展阶段的新要求,坚持问题导向,更加精准地贯彻新发展理念,举措要更加精准务实,切实解决好发展不平衡不充分的问题,真正实现高质量发展。

问题是实践的起点、创新的起点,抓住问题就能抓住气象改革发展的"牛鼻子"。推动气象事业高质量发展、加快建设气象强国,需要我们从新发展阶段的站位、以新发展理念的角度,重新审视气象工作中存在的主要问题。

一是从创新发展来看,气象科技创新活力不足的问题依然是制约气象强国建设的关键。在气象核心技术方面,我国自主研发的全球天气预报模式仍差距明显。科技创新资源分散、重复、低效等问题仍不少,研究型业务尚未建立,推进全球预报、全球观测、全球服务以及依靠全球创新能力仍显不足。促进气象发展的创新驱动机制与新形势发展不适应,针对关键领域、关键环节加强核心技术集中攻关不够,统筹国内外、部门内外的科技人才资源能力较弱,科技支撑业务发展的机制不活。

二是从协调发展来看,优化、协同、高效的气象"大业务"格局尚未形成。真正实现气象事业高质量发展,需要观测、预报、信息、服务的业务环节"中下游、左右岸"的真正贯通,需要业务、科研、保障和管理等多方面综合协同、高效推进,需要处理东中西不同板块协调发展问题,需要统筹国家级、省市县不同层级的协调发展问题。目前我们在这方面依然存在不少问题,例如业务壁垒问题、重复建设问题、数据共享问题、标准不统一问题等等。

三是从绿色发展来看,我们在强化气候服务、应对气候变化、参与全球气候治理、保护和开发利用气候资源等方面还存在很多不足,可再生能源气候服务不精细,发现和提升气候生产力的能力不强,气候容量的监测评估服务不到位,应对气候变化气象科技支撑能力、生态建设和环境保护气象保障能力和气候资源应用服务能力有待进一步加强。

四是从开放发展来看,气象对外开放合作范围、力度、水平和质量有待进一步加强,气象高价值数据集向社会开放的力度还需加强,气象数据要素的资本化、市场化的体制机制不完善,在气象服务、业务、科技创新、人才培养等方面对国内国际两种市场两种资源的利用还不够充分,政府和市场两个作用的发挥还需进一步加强,还应有更深层次、更高质量的开放。

五是从共享发展来看,公共气象服务体系还不完善,气象服务供给动力还不强,气象改革发展成果还未能更多、更快、更公平惠及全体人民。气象保障国家重大战略切入点还不深,全球气象服务保障能力仍显不足,气象数据的生产、分析、融合和深入应用能力还不强,气象服务供给的质量和效益还不够高,个性化、专业化、精准化程度不足,气象服务市场秩序有待完善等方面问题仍有待解决。

我们要在全面深化气象改革现阶段成绩的基础上,立足贯彻新发展理念、构建新发展格局,坚持问题导向,围绕增强创新能力、推动协调发展、服务生态文明建设、提高开放水平、促进共享发展等重点领域和关键环节,继续把改革推向深入,通过深化改革为完整、准确、全面贯彻新发展理念提供体制机制保障。

三、融入、助力构建新发展格局,需要充分发挥全面深化气象改革的关键作用

构建新发展格局是以习近平同志为核心的党中央作出的重大战略决策,是与时俱进提升我国经济发展水平的战略抉择,也是塑造我国国际经济合作和竞争新优势的战略抉择,是总方向、总目标、总思路。运用生产力与生产关系这一基本政治经济学原理,梳理和审视新发展格局的核心要义,即生产力的快速发展不仅体现为技术进步,还体现为分工体系的拓展和深化。

就气象而言,应对新发展阶段的机遇挑战,贯彻落实新发展理念,助力构建新发展格局,提升气象服务供给体系对国内需求的适配性,落实构建新发展格局对气象工作的新任务、新要求,需要充分发挥全面深化气象改革的关键作用,正确处理好技术进步与体制机制创新的关系、分工细化与协同优化的关系、业务发展与科研支撑的关系,发挥好改革在气象助力构建新发展格局中的关键作用,将改革作为应对变局、开拓新局的重要抓手。

(一)围绕打造气象业务发展新格局深化改革。一是进一步强化气象在经济社会发展、生态文明建设中的职能作用。注重发挥气象防灾减灾第一道防线作用,强化气象防灾减灾职能;注重趋利避害并举,强化气候和气候变化、环境气象、气候资源开发利用等职能;注重气象观测与预报预警的统筹发展,实现各类气象业务资源的集约化利用;注重发展全球监测、全球预报、全球服务;注重发挥业务规划在气象业务发展顶层设计、合理布局、统筹集约、提质增效等方面的导向作用,强化业务规划职能。二是构建以气象大数据为中心的业务发展格局。激活气象数据要素潜能,建立气象高价值数据资源体系,构建气象数据要素规则和标准体系,发挥气象海量数据和丰富应用前景优势。统筹发展天气预报和气候预测业务,统筹发展农业气象、卫星遥感、环境气象等业务,统筹发展地面、高空、雷达、雷电等观测数据与数据资料业务,统筹发展数值预报业务,发挥人工影响天气工作在生态保护修复中的职能作用。三是稳妥推进省以下气象事业单位改革。继续强化气象预警预报服务业务,着力加强生态与气候服务业务、新型观测业务和基层研究型业务。

(二)围绕打造气象科技创新新格局深化改革。坚持科技创新在我国气象现代化建设全局中的核心地位,深化气象科技创新体制改革,提高气象科技创新体系整体效能。跟踪国家科技体制改革,做大做强气象部门科研院所体量。依托我国在世界气象组织中的优势和地位,开展国际气象及相关的地球系统国际大科学计划、大科学工程项目和重大科技基础设施建设。统筹优化调整国家级科研院所学科布局和研发分工,**形成体系较为完整的学科布局和产学研用衔接的研发布局**。创新体制机制,集聚部门内外灾害天气研究优势力量,在气候变化、预报预警、智能装备、大数据应用等领域组建新型研发机构,内强外联、优化重组,持续攻关数值模式和资料同化等关键核心科技问题,加强标准化与科技创新的互动支撑,积极争取科技计划对技术标准研制和应用示范的支持,加快科技成果向技术标准转化。

(三)围绕打造支撑保障新格局深化改革。坚持气象基础性社会公益事业定位不动摇,借助事权与支出责任划分,理清各级气象部门承担的职责、任务和发展方向,在此基础上厘定事权,实现气象工作重心从"办事业"向"管行业"转变,减少对具体事业单位的微观管理和不当干预,落实事业单位自主权。以开放促改革,主要通过制定政策法规、行业规划、标准规范等,推进气象与海洋、民航、农垦、林业、盐业、森工等行业气象业务整合,做大做强气象事业体量,减少业务重复建设。依法履职尽责,从公平准入、资质资格、职称评定等各方面细化实化政策措施,积极探索各种方式发展社会化公益型气象事业。

2021 年 6 月

目　　录

把握新阶段　贯彻新理念　打造新格局　着力推动实现气象事业高质量发展(代序)
………………………………………………………………………………于新文

西藏气象工作专项调研报告
……………………………………………………陈振林　赵空军　陈　蕾　等（1）

智慧气象保障上海"一网统管"城市治理体系调研
……………………………………………………冯　磊　杨　捷　锁晓东　等（7）

气象科技型事业单位基层业务党支部党建业务融合情况调研报告
……………………………………………………蔡金玲　张立生　曹　磊　等（13）

专业气象服务高质量发展调研报告
……………………………………………………王邦中　李　刚　王　震　等（18）

黄河流域生态保护和高质量发展气象保障服务调研报告
……………………………………………………廖　军　赵国强　王胜杰　等（24）

促进气象科技成果转化政策实施情况调研报告
……………………………………………………姚学祥　赵　瑞　闫冠华（29）

关于京津冀协同发展气象保障服务调研报告
……………………………………………………………………………杨卫东（34）

气象科技人才成长现状及成长需求调研报告
……………………………………………………邢亚争　孙天蕊　周　倩　等（40）

福建省专业气象服务调研报告
……………………………………………………蔡　菁　叶宾宾　武智君　等（46）

发挥气象防灾减灾救灾"第一道防线"作用的实现路径研究
……………………………………………………………………………苗长明（51）

山东市县气象部门纪检工作现状与思考
……………………………………………………张劭魁　徐法彬　李海腾　等（56）

气象部门高层次人才队伍建设情况调研报告
……………………………………………………张　健　刘　蕊　刘　艺　等（61）

国家级业务单位科技创新调研报告
……………………………………………………………………王　伟　仰美霖（66）

关于四省涉藏气象工作的调研报告
　　………………………………………………… 林霖 扎西（72）
安徽省气象局解决形式主义突出问题切实为基层减负情况调研报告
　　……………………………… 张爱民 刘海川 李轶 等（78）
关于气象部门网银支付风险管理情况的调研报告
　　……………………………… 曹卫平 任振和 刘彤 等（83）
推进气象高质量发展地方财政保障政策建议——关于气象部门公共财政保障情况的调研报告
　　……………………………… 于波 杨金彪 张耀军 等（87）
关于黄河流域生态保护和高质量发展气象保障的分析及对策建议
　　……………………………… 王鹏祥 赵国强 郑世林 等（92）
完善生态气候服务体系 提升应对气候变化能力
　　……………………………… 罗红艳 杨红龙 张丽（96）
我国海洋气象标准制定情况调研报告
　　……………………………… 李肖霞 赵国强 赵培涛 等（102）
山东现代港航气象服务需求及现状调研报告
　　……………………………… 李刚 丛春华 郭俊建 等（107）
与生态旅游气象服务相关的标准和业务规范等现状分析和改进建议
　　……………………………… 王秀荣 王立声 于涵 等（115）
加强气象党建品牌建设 推动党建和业务深度融合的研究
　　……………………………………………………… 刘正会（120）
关于江苏气象部门贯彻落实《江苏省气象灾害防御条例》情况的调研报告
　　……………………………… 杨金彪 韩正国 魏祥年 等（125）
广东省气象局"基层研究型业务建设"专题深调研报告
　　……………………………… 熊亚丽 李春梅 赵小伟 等（131）
关于气象助力生态涵养区旅游发展的调研
　　……………………………… 杨宁 刘力威 佘峰 等（136）
黑龙江省气象部门基层党建与业务融合发展调研报告
　　……………………………………… 孔繁艳 曹品伟（142）
适应数字化转型要求加快推进气象信息化建设的调研报告
　　……………………………………………………… 顾骏强（148）
基层气象台站基础设施建设需求调研报告
　　……………………………… 程磊 郭雪梅 王胜杰 等（153）
山西省气象部门相对集中行政许可权改革调研报告

…………………………………………………… 王文义 （157）
新时期开展社团工作的调研
…………………………………… 王迎春　房志玲　丁　梅　等 （162）
天津市气象局重大工程建设项目管理机制改革调研报告
……………………………………………… 于　杰　张剑青 （168）
关于加快研究型业务高质量发展的调研报告
…………………………………… 潘敖大　苏万康　杨苏勤　等 （172）
加强政策供给　推进更高水平气象现代化专题调研报告
…………………………………… 彭　军　杨志彪　张鸿雁　等 （177）

西藏气象工作专项调研报告

陈振林[1]　赵空军[2]　陈　蕾[1]　薛红喜[3]　李　栋[4]

(1. 中国气象局人事司；2. 中国气象局计划财务司；
3. 中国气象局预报与网络司；4. 中国气象局气象发展与规划院)

为贯彻落实中央第七次西藏工作座谈会精神，按照中国气象局党组统一部署，由人事司领导带队，预报与网络司、计划财务司、人事司、气象发展与规划院一行五人组成专项调研组，赴西藏自治区气象部门，深入林芝、波密、墨脱等基层气象台站开展专题调研，聚焦全面贯彻新时代党的治藏方略、气象保障西藏长治久安和高质量发展、全面推进西藏气象现代化建设等情况，先后召开2次专题座谈会，深入访谈地方政府领导、挂职干部、援藏干部、基层气象干部职工等60多人，广泛听取各方面意见建议，认真分析广大基层干部职工的困难和问题。在此基础上，形成了西藏气象工作专项调研报告。

一、全面推进西藏气象事业高质量发展意义重大

调研中，调研组深刻感受到，广大西藏气象干部职工对习近平总书记在中央第七次西藏工作座谈会(以下简称"七次会")上的重要讲话反映强烈，深刻认识到做好新时代西藏工作、推进西藏气象事业高质量发展、有力保障西藏长治久安的重大意义，加快推进西藏特色的气象现代化责任感和使命感明显增强。

(一)西藏具有特殊重要的战略定位

调研中发现，西藏广大气象干部职工对"七次会"确定的西藏战略定位的认识深刻。西藏是重要的国家安全屏障、重要的生态安全屏障、重要的战略资源储备基地、面向南亚开放的重要通道，是维护祖国统一、反对民族分裂的重点地区。"治国必治边，治边先稳藏"，西藏工作关系党和国家工作大局。党中央召开"七次会"，站在党和国家事业发展全局高度研究问题、部署工作。调研组分析认为，全国气象部门必须提高政治站位，切实增强使命感和担当精神，齐心协力贯彻落实好党中央的战略决策部署，把"两个维护"体现在气象实际行动、工作成效上。

(二)西藏气象工作具有特殊重要性

调研中发现，西藏广大气象干部职工对充分发挥西藏气象在全国气象工作的特殊重要作用把握准确。一是青藏高原是"世界屋脊""亚洲水塔"，是"世界第三极"的

核心区,西藏作为青藏高原的主体,地域辽阔、气候差异大,是我国天气上游和策源地、我国气候系统的关键区,也是全球气候变化敏感区和脆弱区。二是西藏地形地貌、生态环境独特,是高原气象科学考察的重要基地。三是西藏地处祖国西南边陲,作为国家安全屏障的第一道防线,边境建设压力巨大、挑战重重,是气象服务边境建设、推进军民气象融合发展的前沿阵地,也是我国与南亚气象科技交流合作的重要通道。同时,西藏天气气候极为复杂,气象灾害和次生衍生灾害易发、多发、重发,基础气象探测任务重、气象预报预测难点多、长治久安气象服务保障责任大。调研组分析认为,做好西藏气象工作,是维护国家安全和巩固生态安全屏障的迫切需要,是保障西藏长治久安和高质量发展的迫切需要,全国气象部门必须从党和国家事业发展全局的战略高度,深刻认识西藏气象在全国气象工作中的特别地位,更加自觉地支持西藏气象事业高质量发展,大力提升气象保障西藏长治久安和高质量发展的能力。

(三)新时代党的治藏方略是推进西藏气象事业高质量发展的根本遵循

调研中发现,西藏广大气象干部职工已深刻认识到新时代党的治藏方略是全面推进西藏气象事业高质量发展的强大思想武器和政治保证。在"七次会"上,习近平总书记明确提出了"十个必须"的新时代党的治藏方略,从理论和实践结合上系统回答了西藏必须举什么旗、走什么路、向着什么样的目标前进等重大问题,实现了党的治藏治边理论的新飞跃,是党的基本方略在西藏的具体运用,是我国国家制度和国家治理体系显著优势在西藏的生动体现。调研组分析认为,新时代党的治藏方略不仅是做好西藏工作的纲和魂,也是确保气象工作始终沿着正确政治方向不断前进的指针和标尺,是推进西藏气象事业高质量发展的根本遵循,必须深入学习、长期坚持、贯彻始终、全面落实。

(四)"老西藏精神"是推进西藏气象事业高质量发展的强大力量

在座谈会、调研访谈中,广大气象干部职工纷纷表示,要继续传承弘扬"特别能吃苦、特别能战斗、特别能忍耐、特别能团结、特别能奉献"的"老西藏精神",缺氧不缺精神、艰苦不怕吃苦、海拔高境界更要高,在工作中不断增强责任感、使命感,增强能力、锤炼作风,团结一心、同舟共济,把热爱高原、建设高原、奉献高原内化为行动自觉,努力为推动西藏气象事业高质量发展、建设团结富裕文明和谐的社会主义新西藏作出更大贡献。调研组分析认为,在"七次会"上习近平总书记深刻指明了做好新时代西藏工作的精神支撑,这种"老西藏精神"已深深融入西藏广大气象干部职工的灵魂和血脉,成为凝聚全国之力推动西藏气象事业高质量发展的精神力量,需要在全国气象部门大力弘扬"老西藏精神",传承红色基因、增强斗争本领、注入时代内涵,使之转化为气象服务保障新时代西藏长治久安和高质量发展的强大力量。

二、面临的主要困难和问题

中央第六次西藏工作座谈会以来,在党中央的坚强领导下,在全国气象部门大力援助下,西藏广大气象干部职工团结一心、艰苦奋斗,解决了许多长期想解决而没有解决的难题,办成了许多过去想办而没有办成的大事,基本建成了结构完善、功能先进、布局合理、适应需求的气象现代化体系,与全国气象部门一道基本实现了气象现代化,气象服务保障地方经济社会发展和长治久安的能力和水平显著提升,公共气象服务能力达到西部地区的平均水平,气象预测预报能力显著提高,综合气象观测实现智能化,气象软实力和干部人才队伍、台站基础设施条件适应气象现代化建设需要,气象干部职工工作生活条件全面改善,西藏气象事业发展成效显著。调研中发现,对标"七次会"新形势新任务和未来西藏气象事业高质量发展,在服务供给、综合观测、预报业务、科技创新、人才队伍等发展体制机制方面仍存在一些突出问题,需要引起高度重视,认真推动解决。

(一)气象服务保障需求旺但供给还不足

"七次会"明确提出了要"抓好稳定、发展、生态、强边四件大事"和"确保国家安全和长治久安、确保人民生活水平不断提高、确保生态环境良好、确保边防巩固和边境安全"。气象部门作为政府机关事业单位,"四件大事"的任务要求、"四个确保"的目标要求,都需要认真落实,高标准完成维护稳定、服务经济发展和人民安全福祉、保障生态文明建设、推动军民气象融合,任务重、责任大、挑战多,气象供给能力和水平与新形势新要求不相适应。调研中发现,基层气象台站气象人才队伍的基础支撑薄弱、岗位编制紧缺、人才队伍规模不足,在做好气象主业和本职工作之外,还必须承担大量的包括维稳、驻村、扶贫、参加地方会议等地方党委政府安排的任务,非气象主业责任重且难、负担多而杂,需求与供给矛盾不断加大。

(二)自我发展意愿强但能力还不足

调研中发现,西藏在党和国家事业发展全局中具有特殊重要的战略定位,作为国家重要的高原特色农产品基地、重要的世界旅游目的地、重要的"西电东送"接续基地,生态修复环境保护、农牧业和农村牧区发展、能源安全以及军民融合和国防安全,都有着大量的专业气象服务需求,广大气象干部职工强烈希望加快推进西藏特色的气象现代化,更好地发挥气象的职能作用。但是,气象基础设施建设仍待加强,监测站网依旧存在盲区和空白点,特别是边境地带和重点生态区域,全天候多要素的综合监测能力和移动观测能力还需进一步布局建设;面向高海拔地形和独特的水汽通道,数值预报和短临预报的针对性研发还不足,科研成果转化不够,气象预报核心算法等软实力建设与硬件环境建设不匹配,西藏天气气候变化规律研究和预报预测能力、气象核心业务科技水平亟待提升;支撑公共气象服务的关键技术发展滞后,气象预报预警业务能力有待加强,气象预报预测的精细化水平和精准率、气象服务的针对性多样性和科技含量与"监测精密、预报精准、服务精细"和高质量发展的要求还有较大差距,与日益增长的服务需求有较大差距,偏远地区、边境地区公共气象服务短板仍然突出。

(三)特色优势大但内生动力还不够

西藏作为我国天气系统上游和策源地,独特的地理环境、气候环境,各种气象、生态、地理探测资料,具有十分重要的科学研究价值,有利于突破高原气候、灾害性天气预报技术难题。调研中发现,一方面,西藏干部人才队伍建设与加快气象科技创新的要求还有差距,气象领军人才培养和引进难度较大,引领气象事业高质量发展的人才缺乏;优秀人才引不进来、留不住的问题仍然存在,基层气象部门特别是高海拔地区、边境县局人才更为缺乏;另一方面,长期"输血式"发展对推动西藏气象稳定发展、科技创新起到了重要作用,但一定程度上也使得自主发展、自主创新形成了较强的依赖性,对资金投入援藏、干部人才援藏、科技项目援藏、组团式援藏、受援单位与支援单位捆绑发展模式援藏等依赖心理较强,形成一事一援助、一项目一援助工作格局的路径依赖。

三、推进西藏气象事业高质量发展的有关建议

西藏气象事业高质量发展,从根本上讲,必须深入贯彻习近平总书记关于西藏工作的重要论述和对气象工作的重要指示精神,坚持以人民为中心的发展思想,坚持目标导向和问题导向,以全面推进西藏气象现代化为主线,以优化发展空间格局为切入点,以创新气象科技和人才发展体制机制为保障,进一步统筹谋划、分类施策、精准发力,走出一条持续健康协调的发展道路,为保障生命安全生产发展生活富裕生态良好作出更大贡献。结合这次调研,提出如下政策建议。

(一)全面贯彻落实新时代党的治藏方略

推动西藏气象事业高质量发展,必须从政治性、全局性、战略性高度准确把握新时代党的治藏方略的丰富内涵,建议即将召开的气象部门西藏工作暨援藏工作座谈会聚焦落实习近平总书记在"七次会"上的重要讲话精神和对气象工作的重要指示精神,对标对表习近平总书记为西藏工作绘制的路线图、制定的任务书,以"十个必须"为方向,以"四个确保"为目标,明确落实党的治藏方略的思路举措,制定西藏政策措施建议清单,扎扎实实做好西藏气象工作,确保每一项工作、每一项任务都在气象部门落地生根、开花结果。

(二)把有力保障稳定、发展、生态、强边"四件大事"作为现阶段加强西藏气象工作的战略重点

"七次会"明确的"四件大事",从全局和战略的高度,科学回答了做好新时代西

藏维护社会稳定、经济社会发展、生态文明建设、守边兴边强边工作的实践课题,对于进一步做好西藏气象工作提供了行动指南。建议制定落实"四件大事"的重大举措,制定落实"四件大事"的行动方案,把中央全局性要求变为气象工作的具体安排。一是坚持把落实当地维护稳定这一首要政治任务作为第一责任,作确保国家安全和西藏长治久安的有力维护者。二是强化气象科技创新、发挥气象防灾减灾第一道防线作用,以推动气象事业高质量发展着力保障西藏高质量发展,为确保人民生活不断提高贡献气象力量。三是优化气象特色气象服务发展空间格局,着力发展生态气象业务,为推进美丽西藏、确保生态环境良好作出最大贡献。四是加强军民气象融合发展,强化兴边富民气象行动,为确保边防巩固边境安全提供有力保障。

(三)举全部门之力谋划好"十四五"西藏气象事业高质量发展

保障西藏长治久安和高质量发展,必须举全国之力统筹谋划气象事业高质量发展。一是谋划好西藏气象"十四五"规划,做好西藏气象发展重大问题研究,找准发展短板,指导做好发展思路、重点任务、工程项目的编制;同步加强与地方政府的沟通协调,切实落实好气象规划纳入西藏"十四五"规划。二是继续加大援藏投入力度,落实"项目支出重点倾斜"的优惠政策,加快推进气象业务服务基础设施体系建设,推进观测精密、预报精准、服务精细,推进气象融入"数字西藏""智慧西藏"建设,筑牢气象防灾减灾第一道防线,提升保障和改善民生气象服务能力,提高助力乡村振兴气象服务水平,构筑生态文明气象保障坚实屏障。三是着力提高对口援藏工作质量和效率,完善和创新对口援藏工作机制,建立受援单位与支援单位捆绑发展的模式,将对口支援工作纳入支援单位目标考核;突出项目援藏、智力援藏、人才援藏、科技援藏,强化"业务科技优势援藏、干部人才急需援藏、资金项目精准援藏",提高援藏工作的实效性和针对性。四是转变发展理念,坚持"输血"与"造血"相结合,厘清"输血"与"造血"的关系,把握好"输血"与"造血"的平衡点,防止产生"等靠要"的"输血依赖症",多措并举激发内生发展动力,可通过合作共同开展专业气象服务、青藏高原科学考察等方式开展"造血"试点,重在探索自主发展可行路径和长效机制,着力增强西藏气象的自身发展能力、创新活力和改革动力。

(四)继续实行特殊的人才关怀政策

西藏气象工作任务重、压力大,条件艰苦、工作辛苦,落实"四件大事""四个确保"任务重、责任大,迫切需要营造拴心留人的人才政策环境。应梳理好、落实好、执行好中央和西藏当地人才政策,用好现有特殊政策、研究制定新的政策举措。指导西藏气象部门编制人才发展规划,实施重点人才工程,加大学科带头人等人才队伍建设力度,在人才引进、选拔交流、出国培训等方面给予支持;强化培训锻炼,加大选派西藏优秀气象干部到内地挂职任职和培养性交流力度,推进新进毕业生到内地跟岗培训;统筹用好国家和地方编制,编制资源向边境县局、高海拔县局倾斜,通过改进公务员招录、应届毕业生招聘等,充实队伍、优化队伍结构。深入挖掘落实"四件大事""四个确保"以及在对口援藏工作中涌现出的先进人物、典型事迹、亮点工作,树立学习标杆,加大表彰力度,以榜样的力量激励、鼓舞西藏气象人弘扬"老西藏精神"、扎根雪域高原,激励对口援藏人才发挥作用、作出表率。

智慧气象保障上海"一网统管"城市治理体系调研

冯 磊[1]　杨 捷[1]　锁晓东[2]　张剑雷[1]　朱孟刚[1]　于治麒[1]

(1. 上海市气象局;2. 上海市政府办公厅(市城运中心))

2017年,习近平总书记对上海提出"走出一条符合超大城市特点和规律的社会治理新路子"的要求,为积极融入上海城市治理精细化工作,全面了解上海市城市精细化治理现状和对智慧气象保障的需求,深入分析智慧气象保障城市精细化治理的着力点,2018—2020年,调研组赴上海城运、应急、公安、住建、水务、网格化、交通、农业农村、生态环境、海事等部门和大数据、互联网等社会企业开展了广泛、深入的调研,结合实践探索,提出智慧气象保障城市精细化治理思路和建议。

一、形势分析

要运用智能化手段守住安全底线。这与习近平总书记对气象工作提出的牢牢把握气象工作关系生命安全、生产发展、生活富裕、生态良好的战略定位高度一致。"四生"是习近平总书记对城市治理和气象服务的共同要求。

习近平总书记曾在《国家中长期经济社会发展战略若干重大问题》的文章中,对"完善城市化战略"进行了深入阐述,指出我国城市化道路关键是要把人民生命安全和身体健康作为城市发展的基础目标。目前,我国常住人口城镇化率已经达到60.6%,今后一个时期还会上升。此外,全国80%以上的经济总量也产生于城市。可见,城市和城市群已经成为"四生"气象服务需求最迫切、场景最集中、要求最高、效益最显著的区域。同时,我国各级城市积极推进精细化治理,为智慧气象发展创造了前所未有的基础条件和发展前景。

因此,建立智慧气象保障城市精细化治理体系,是气象部门贯彻落实习近平总书记指示精神的"扎实一招"。保障城市精细化治理,是气象部门发挥"四生"服务集成效益的"战略要点"。与城市精细化治理的技术和场景同频共振,是快速提高气象"三精"综合能力的"棋筋急所"。

二、上海城市精细化治理现状

上海作为全世界观察中国的重要窗口,正在努力打造成为我国城市治理的样板,向世界展现"中国之治"新境界。2020年,"一网统管"被定位市委一号课题,在市委市政府领导下,全市齐心协力抓提升、抓突破,明确了以下发展格局。

方向：超大城市治理体系和治理能力现代化；

目标：探索世界一流城市治理模式"上海方案"；

总体框架：统筹推进智慧城市生产、生活、治理三大领域建设；

运作实体：上海市城市运行管理中心；

逻辑架构：三级平台、五级应用；

技术支撑体系：治理要素一张图，互联互通一张网，数据汇集一个湖，城市大脑一朵云，系统开发一平台，移动应用一门户；

着眼点：一屏观全域、一网管全城，在最低层级、最早时间，以相对最小成本，解决最突出问题，取得最佳综合效应，高效处置一件事。

（一）在态势全面感知上下功夫，掌握实时动态，推动城市治理由被动处置型向主动发现型转变

上海市围绕"城市动态""城市环境""城市交通""城市保障供应""城市基础设施"5个维度，梳理政务系统的实时动态数据，同时从神经元系统接入感知端数据，从相关企业挖掘接入第三方数据，基于海量、多维、全息数据打造城市运行生命体征1600多项，生动鲜活地刻画反映城市运行的宏观态势。各城市运行管理部门通过系统建设赋能，推动城市治理由被动处置向主动发现转变，如市公安局、市交通委联合研发的"道路交通管理系统（IDPS）"，立足数字孪生技术，完成6038千米可计算路网建设（占总进度85%）。为适应全面感知的发展需求，城市精密气象监测应当实现从观测到感知的升级。

（二）在趋势智能预判上下功夫，预知风险隐患，推动城市治理由经验判断型向数据分析型转变

紧盯大客流、安全生产、防汛防台、公共卫生、生态环境、气象灾害，构建智能化动态分析预测模式，设定安全阈值，提前预测预判预警，突出一个"防"字，把管理端口最大限度前移，更好地防范"黑天鹅""灰犀牛"，把风险隐患发现并消除在萌芽状态。如在城市管理方面，围绕玻璃幕墙、大型广告牌、群租、电梯等城市管理当中的重点难点问题，通过视频监控、神经元系统、数据汇集分析等智能化手段，依托网格化管理以及基层社会治理综合应用，及时发现、处置。为了适应智能预判的发展，城市精准气象预报要实现从预报到先知的升级。

（三）在实现"五个最"上下功夫，有效调度资源，推动城市治理由单一处置型向联勤联动型转变

为实现大城市治理在最低层级、最早时间，以相对最小成本，解决最突出问题，取得最佳综合效应，高效处置一件事的目标，上海各区纷纷成立领导小组及区城运中心等机构，形成三级平台、五级应用，各区和街镇围绕各自需要已建设各类轻应用、小程

序 300 余个,成本低、实用性强,涵盖疫情防控、交通、卫生、生态、大客流监测预警等城市运行管理各个方面。区和街镇城运中心从单一网格职能开始向具备值班值守、应急处置等综合功能转变。通过多种通讯方式的融合,市城运总指挥中心和市级专业指挥中心以及 16 个区城运分指挥中心实现联动指挥。要达到"五个最"的治理效率,城市气象精细服务要实现从服务到赋能的升级。

(四)在行动人机协同上下功夫,加强智能应用,推动城市治理由人力密集型向人机交互型转变

上海市各城市运行管理部门结合实际、聚焦问题,开发智能应用场景,形成全方位、广覆盖、立体化的智慧治理氛围。气象先知、防汛防台、互联网+大客流数据应用、危化品管理、智能交通、公共卫生突发事件应急处置、空气质量保障、户外招牌智能化综合管理等均已接入市城运系统。推进城市之眼(视频图像)、地理信息、力量分布、政务微信、气象预知、交通实况、应急处置等公共插件广泛应用,赋能高效联动处置。上海市还提出要在"云数网端安"基础设施上下功夫,搭建坚实的城运基础。"一网统管"将按照"六个一"(即应急处置一张图、互联互通一张网、数据汇集一个湖、城市大脑一朵云、系统开发一平台、移动应用一门户)要求,夯实基础设施建设。持续建强"城市大脑",为城运系统开发部署和数据汇集提供安全稳定的云环境。围绕智能应用的发展需要,气象对于各类新技术的创新应用能力必须不断提高,实现从气象科技到科技气象升级。

三、上海建设智慧气象保障城市精细化治理体系理念与实践

在深入调研了解上海城市精细化治理现状和需求基础上,上海气象部门按照"+气象"的服务理念,初步构建了智慧气象赋能城市治理"5432"的工作体系,将"监测精密、预报精准、服务精细"的气象业务服务能力转化为提高城市精细化管理水平的实效,积极破解城市治理气象保障难题。

(一)实现"五个理念"升级

1. 城市精密监测要实现从观测到感知的升级

从常规面向预报的观测向面向服务的观测延伸,从天气观测向城市体征观测延伸,建立城市气象体征感知标准体系。依托城市新基建,紧密贴合城市部件,铺设泛在、高密度、低成本、免维护、精度适当的寄生应用型城市"气象皮肤",实现"观测即服务""数据分析即感知"。

2. 城市精准预报要实现从预报到先知的升级

随着智能网格预报的发展,天气预报越来越精细,但精细化预报仍然无法解决城市管理者的决策痛点,我们不仅要告诉决策者天气预报是什么,还要告诉其有什么影响,为其决策指挥提供支撑。上海气象部门不断升级建设城市精细化管理气象先知

系统,将气象数据与城市管理事件数据深度融合,建立气象要素对城市运行管理事件的影响模型,通过预测天气变化,推导城市运行应变量的变化,助力城市运行管理者采取事先预防的措施,努力实现事未发、人先知、管在事先、防于未然。

3. 城市精细服务要实现从服务到赋能的升级

提高城市各部门各行业对智慧气象的应用意识和能力,从服务供给侧发力向应用需求侧发力延伸,实现应用主体主动要气象服务、用气象服务。将气象服务嵌入其业务流程,与其应用迭代深入融合,使智慧气象从气象服务向气象"赋能"延伸,从服务与被服务的弱连接,向融为一体的强连接升级,构建智慧气象发展与城市治理发展的"共生体"。

4. 从气象科技到科技气象升级

目前,云数网边端成为城市新基建,数字孪生城市的各类不接触治理技术成为发展方向。气象感知、"气象皮肤",以及气象虚拟现实技术等急需发展。气象技术要适应大数据、人工智能、边缘计算技术的发展,需要从传统的气象科技向运用"云、大、物、移、智",叠加云数网边端,融合数字孪生等新技术的科技气象转变和升级。

5. 从动力到活力升级

城市治理需求旺盛,智慧气象发展动力足而活力不足,需要建立对科技气象成果的绩效激励制度,充分发挥专业技术人员的活力。需要建立智慧气象创新平台,建立智慧气象服务产业联盟,建立智慧气象发展创新基金,探索智慧气象发展政企合作模式等,充分发挥资本、市场、企业和高校、科研院所的活力。同时,政务服务"一网通办"、城市运行"一网统管"两网融合正在成为趋势,气象减灾和法规两部门加强对接,同时上下融合,实现三级平台五级应用。

(二)建立"四个融合"机制

1. 数据融合机制

上海气象部门依托市大数据中心,共享了公安、住建、水务等城市运行管理部门海量数据,实现气象大数据与城市运行大数据融合分析。

2. 技术融合机制

与城市运行管理部门、科研院校和大数据公司开展深入合作,组建了城市管理部门＋气象＋新技术三结合的项目和团队。

3. 系统融合机制

上海气象先知系统纳入城市运行"一网统管"专业指挥系统,打造了"气象插件",正在接入市政府办公厅、市公安局、市水务局、市住建委指挥系统和城市精细化管理应用场景,供政府决策、城市运行管理部门等"即插即用"。

4. 制度融合机制

2020年4月,上海市政府办公厅出台了推进智慧气象保障城市精细化管理实施意见,全市16个区陆续出台细化落实的实施方案。气象部门与市公安局、市水务局、市住建委、交警总队等智慧气象服务重点场景部门签订战略合作协议。气象部门与16个区应急管理部门签署合作协议,明确气象嵌入城市运行管理平台的机制。气象、应急会同文旅、教育、民政等行业主管部门出台气象灾害防御重点单位认定、服务和管理的制度文件,落实基层精细化管理气象服务的工作机制。

(三)提高"三个赋能"作用

推进智慧气象三大基础赋能"神器"建设。一是构建城市级精细化到城市网格的三维天气实况和预报"天图"。二是建立覆盖所有气象影响和灾害风险分析评估的"城市气象风险图"。三是建立基于气象条件的城市精细化管理态势分析预估功能的"城市运行模拟器"。通过建设"气象智能插件"提供服务。

(四)实现"双环驱动"发展

1. 建立外部"赋能环"

智慧气象服务通过先知系统或"气象插件"嵌入城市运行管理部门的指挥系统和应用场景,在赋能的同时,各部门不断提出新的内生需求,气象部门积极响应,开发更多赋能应用。

2. 带动内部"驱动环"

不断涌现的气象服务需求驱动智慧气象研究型业务发展。双环驱动、环环相扣,形成智慧气象融入城市精细化管理持续不断的循环式迭代升级。

四、城市治理与智慧气象的 SWOT 分析

围绕智慧气象保障城市精细化治理的优势、劣势、机遇和风险开展 SWOT 系统分析,提出相应对策。

(一)从外部机会分析,存在"四个新机遇"

新要求。党中央高度重视城市治理,并呈现城市治理向城市群一体化治理发展趋势。80%以上的经济总量产生于城市,60%以上的人口生活在城市。大力发展城市气象服务规划,是气象部门新时期贯彻落实党中央要求,服务最广大人民群众的"大场要点"。

新需求。城市治理对气象服务需求爆发式增长。新场景、新应用层出不穷,城市治理将成为未来气象服务需求最旺盛的领域。

新机遇。城市治理为气象三精提供基础。数据融合为专业气象发展提供数据基础;新基建为新观测提供基础;新技术为气象科技发展提供基础。

新趋势。城市精细化治理中国已经领先于世界总体水平,目前呈现出从城市治理向城市群治理拓展的趋势。

(二)从外部风险分析,存在"三个效应"

主体淡化效应。各级政府和部门主动应用气象的主体意识不强,应用水平不高。这种"主体淡化效应"是导致气象服务效果不能被充分发挥的重要原因。

效益沉默效应。气象融入城市治理后的"效益沉默效应"导致气象部门直接显示度不高的风险。

不确定性放大效应。气象完全嵌入城市治理大体系,气象预报不确定性导致治理措施失误存在"放大效应"。

(三)从气象部门内部优势分析,存在"三大优势"

基础数据优势:气象大数据、信息化基础坚实。

业务体系优势:气象观测、预报、服务、科技的全体系业务和全周期服务的能力优势突出。

部门体制优势:气象部门上下贯通、左右联合的体制优势鲜明。

(四)从气象部门内部劣势分析,存在"两个现象"

气象业务服务机制"内卷化现象"。不利于充分挖掘城市治理需求,拓展新技术应用能力。

城市治理需求与气象服务存在"逐级倒挂现象"。国省地县四级气象部门存在气象供给能力"逐级递弱"问题。与之相反,城市治理对气象服务需求的丰富、直接、急迫程度则呈现"逐级递增"问题。这种倒挂的矛盾继续通过建立逐级赋能的机制来解决。

五、发展智慧气象保障城市精细化治理的建议

根据上述城市治理与智慧气象的 SWOT 分析,调研组站在共同谋划推动气象事业发展角度,提出发展智慧气象保障城市精细化治理的三方面建议。一是联合有关部委出台智慧气象保障城市精细化治理政策性文件。提高气象服务国家治理重要领域的政策供给,配套出台城市化发展气象标准。二是建设"天"字形"＋气象"服务业务架构。面向城市治理创新需求,打造智慧气象开放创新"大平台",建立智慧气象服务业务基础性"大中台",搭建"算法工厂"和"产品超市",实现国家级业务单位对一线气象部门的快速有效赋能。建立智慧气象服务前端的赋能应用"小前台"。相关工作思路,上海气象部门通过智慧气象三年行动计划正在逐步推进落实。三是建立国际示范项目。积极争取并促成 WMO 在中国超大型城市设立国际城市气象服务试点项目,作出中国气象部门积极参与全球治理的努力和尝试。

气象科技型事业单位基层业务党支部党建业务融合情况调研报告

蔡金玲[1]　张立生[2]　曹磊[3]　丁明虎[4]

(1. 中国气象局人才交流中心；2. 国家气象中心；
3. 国家气象信息中心；4. 中国气象科学研究院)

习近平总书记在党的十九大报告中指出："伟大斗争,伟大工程,伟大事业,伟大梦想,紧密联系、相互贯通、相互作用,其中起决定性作用的是党的建设新的伟大工程。推进伟大工程,要结合伟大斗争、伟大事业、伟大梦想的实践来进行。"这一重要论述深刻阐明了"四个伟大"间的逻辑关系,也很好地说明了党建与中心工作的关系,两者是有机统一的。2019年7月9日,习近平总书记在中央和国家机关党的建设工作会议上明确指出：只有围绕中心、建设队伍、服务群众,推动党建和业务深度融合,机关党建工作才能找准定位。党建工作应围绕中心、服务大局,与业务工作相辅相成。2020年10月,中央和国家机关工委印发了《关于破解"两张皮"问题推动中央和国家机关党建和业务工作深度融合的意见》,强调既要防止重业务轻政治现象,又要防止游离于业务工作之外搞空头政治等问题,建立健全党建和业务工作一起谋划、一起部署、一起落实、一起检查运行机制,形成党建、业务"一盘棋"。

科技型事业单位主要是指从事科学技术研究和应用开发,以及为社会提供公益科技服务的事业单位,人员以专业技术人才为主。国家科技型事业单位是国家战略科技创新的核心力量,坚持党的领导、加强党的建设,是科技事业健康发展、机构有序运行的坚强保障。气象事业是科技型、基础性社会公益事业。气象事业的发展主要依赖于气象科技型事业单位。基层业务党支部是推动气象科学技术研究与服务、推动气象科技创新的基础组织,党建与业务的融合情况直接体现着基层党支部战斗堡垒作用的发挥。离开党建抓业务,气象事业就会偏离轨道、迷失方向；离开业务抓党建,就会脱离实际、流于形式。党建工作与业务工作应紧密融合,是党建工作的定位所在,也是业务工作良性发展的保障。

通过调查了解气象科技型事业单位基层业务党支部党建与业务融合情况,破解党建与业务融合的难题,为进一步推进党建与业务融合发展提出针对性建议,是落实习近平总书记重要讲话精神的具体体现,也是实现党建引领气象业务高质量发展的有效举措。

一、调研情况实证分析

本次调查以问卷调查为主,辅以访谈及资料分析。面向国家气象中心、国家气象信息中心、国家卫星气象中心、气象探测中心、国家气候中心、中国气象科学研究院等六家以气象科技服务及科学研究为主的事业单位基层业务党支部发放了调查问卷,共回收有效问卷 325 份。调查对象全部为专业技术人员,其中业务服务岗 178 人,科研开发岗 147 人,31~45 岁人员占到 64%,党龄 10 年以上的占到 67%;支委委员 90 人,普通党员 235 人;学历以研究生为主,其中博士研究生比例高达 52.31%,硕士研究生 35.38%,本科及以下 12.31%,高级职称专业技术人员占到 64.92%。

(一)党员思想认识及学习情况

根据调查结果显示,76.62% 的党员是由于个人理想信念而加入的党组织,有 18.77% 的党员认为中国共产党意味着一种荣誉。由此可见,党员队伍整体上具有坚定的理想信念和端正的入党动机。对于参加党组织活动的态度,"积极主动参加"的党员占据 82.77%。通过进一步交叉分析发现,业务服务岗人员中"积极主动参加"党组织活动的比例(85.39%)明显高于科研开发岗人员(79.59%)。

关于学习的调查结果显示,72.62% 的党员长期坚持参加党组织的理论学习,26.77% 的党员基本能够坚持参加学习。在主动自学方面,能够每周坚持自学的党员占到 97.23%,而业务服务岗的党员每周主动自学 5 小时以上的人数占 11.8%,科研开发岗仅占 6.8%,业务岗人员的学习主动性明显高于科研开发岗人员。能够长期坚持参加党组织理论学习的支委委员达到 83.33%,普通党员比例为 68.51%;而每周能主动自学 5 小时以上的人,支委委员中的比例也高于普通党员,由此可见,支委委员在理论学习的主动性上更高。

(二)党支部作用发挥情况

通过调查发现,党支部的学习形式主要以组织集体学习、参观学习、讲党课等形式为主。学习内容还是能够吸引多数党员参加,63.69% 的党员认为"活动很有意义,自己想参加",17.23% 的党员认为"活动对自己业务科研工作很有帮助,很想参加"。而在党支部作用发挥情况的调查中,有 61.23% 的党员认为本支部战斗力强,有效发挥了战斗堡垒作用;34.15% 的党员认为组织能够得到大家信任,较好地发挥了作用。在对党支部书记的党建理论水平评价上,72.31% 的党员认为所在党支部书记的学习能力和理论水平较高,能够指导大家学习,但有 27.69% 的党员认为支部书记理论水平一般或指导作用有待加强。

(三)支部党建与业务融合情况

从认识上,大家普遍认为党建理论知识具有一定指导作用。近 50% 的人认为党建理论知识对业务科研具有很强的指导作用(5 分),选择 3 分以上的人比例达 90%

以上。81.85%的党员认为实际工作中党建与业务同等重要。81.23%的党员认同"党建工作抓得不好,业务工作也不会好"。而对这两个问题的调查,支委委员对党建与业务关系的认识普遍高于普通党员。

在实际工作中,有85%的人认为所在党支部的党建与业务工作能够相互协调、相互促进。有15%的人认为协调促进成效一般甚至不能相互促进,认为不能互相促进的原因分别是"党建活动形式与业务科研工作没有什么关系""大家对党建理论知识内涵把握不足""党建工作太过形式主义"。对于支部党建与业务是否存在脱离情况,认为完全不存在党建业务脱离情况的仅占56.62%,业务服务人员认为"不存在"党建脱离业务现象比例高于科研开发人员。55.77%的党员认为有必要设立专职党务干部,尤其业务服务岗和支部委员更认为需要设置专职党务干部。

二、主要调研结论

(一)气象部门科技人员具有较高的政治素养

从调查结果看,95%的人员具有端正的入党动机,近83%的同志积极主动参加党组织活动,超过三分之二的同志能够长期主动学习党的政治理论知识用于指导业务科研工作。并且大多数人认识到党建对业务工作的指导作用,二者同等重要。这充分说明,气象部门的科技人员具有较高的政治素养。

(二)气象部门事业单位基层业务党支部作用发挥较好

调查结果显示,超过95%的同志认为本支部在各项工作中发挥了较好的战斗堡垒作用。85%的同志认为本支部党建与业务工作能够相互融合相互促进。同时,有超过三分之二的党员认为本支部书记的政治理论水平较高,对支部工作起到了良好的指导作用。这个结果与气象部门科技人员有较好的政治素养呈正相关,也说明气象部门中层干部不仅有较高的专业技术水平,也具有较高的政治素养,体现了气象部门领导干部选拔的科学性。

(三)仍然部分存在党建形式主义、重业务轻党建现象

调查结果显示,认为本单位存在党建务虚形式主义现象的占43.38%,尤其在科研单位,有48%的人认为本单位党建工作存在形式主义,为了党建而党建,与业务科研工作脱离,甚至比较严重。各单位对基层部门以及人才的奖励、激励都以业务科研工作的完成情况为考核指标,而对于党建工作情况的考核又以形式考核为主,在基层党支部也就存在重业务、轻党建的现象。

(四)部分科技人员对党建存在思想认识上的误区

在调查中发现,部分同志片面地认为党的理论指导是主观世界的表现,而科学研究是客观世界的规律,二者本身是独立的,无法融合。还有同志甚至有些支部委员也

认为科研业务工作是主业,党建工作是副业(16%),业务技术工作是实的,党建工作是虚的,党建工作对业务科研没有任何促进作用,在工作中可有可无,开展党建工作就是形式主义等,从而导致在实际开展工作中,出现应付、务虚、形式主义等现象。

(五)党务工作者对党建的重视程度和工作能力有待提升

在开放性问题的调查中,有相当一部分同志提到,本支部的党建活动经常围绕讲话精神及内容进行宣读学习,缺少深入的理解及理论与实践的联系,所学理论并未起到指导实践的作用,而工作中遇到的问题也未在党建工作中得到解决等。有近30%的同志认为支部书记的党务工作水平需要继续提升。实际工作中也发现有部分支部书记和支委委员对党建工作满足于交任务、求结果,缺少对党建工作的思考,对党要管党、从严治党认识不深、重视不够,表现为理论学习不够、党建方法僵化死板、工作方法不规范,致使在职工中缺乏影响力和感召力,严重影响了支部战斗堡垒作用的发挥。

三、基层党支部推进党建业务融合的措施建议

(一)从单位战略层面,将党建与业务科研工作统筹考虑

在单位制定战略规划时要将党建工作像对待业务工作一样,做到制度化、常态化,切实推动党建工作稳步发展。根据单位具体情况,建立合理的学习机制、培训机制、考核机制,促进科技人员筑牢理论基础、坚定理想信念、提升党性修养、把握前进方向,学懂弄通、学以致用。不能单纯以党建促党建,要紧紧围绕业务中心科学安排党建工作,把党的工作贯穿于业务工作的全过程,将党建工作同业务工作通盘考虑,找到合适的切入点,将党建工作与业务工作同步规划、同步部署、同步落实、同步考核。

(二)从思想认识层面,提升对党建工作的思想认识和重视

首先要把提升党建与业务的辩证关系的认识放在第一位。"党建工作说到底是做人的工作,业务工作说到底是做事的工作",没有高素质的人,事就无从办好,离开了事,党建就失去了意义。只有把党建做好,才能铸就政治硬、能力强、作风实的队伍,业务工作才能有坚强的依靠,才能不迷失方向;也只有牢牢把握业务工作这个中心,才能有效防止党建空化,才能夯实党建的根基,增强党建的活力。其次要加强党员领导干部和支部委员的理论水平和党建重视程度,结合工作实际改进党建工作方法,在有需要的部门可适当设置专职党务干部,引领和提升科技人员的政治思想素养。

(三)从工作理念层面,树立党建服务业务科研的理念

习近平总书记在2019年中央和国家机关党的建设工作会议上指出,只有围绕中

心、建设队伍、服务群众,推动党建和业务深度融合,党建工作才能找准定位。钟南山院士曾说过,做好自己的本职业务工作,就是最大的讲政治。气象事业是党和人民的事业,每个科技人员做好气象科技业务服务和科研开发工作,就是讲政治。气象部门党建工作要围绕激发科技人员的干事热情、创新活力来开展,要树立服务业务、服务科研的工作理念,将服务业务发展、科技创新作为党组织的重要任务,把科技人员满意作为党建工作的检验标准,着力提升党组织服务科技人员、凝聚人心、促进业务发展、科技创新的能力。

(四)从实际工作层面,严格落实组织制度,提升支部组织能力

结合支部实际情况严格落实组织制度。以高级知识分子为主体的党支部要充分发扬民主,凝聚他们的集体智慧,共同研究谋划本支部党建业务融合的结合点和切入点,让他们主动且愿意参与,才能真正发挥组织的战斗堡垒作用。落实"三会一课"制度就要找准抓手,确保有内容、有实效,避免形式主义;开展主题党日活动要策划、有总结、有提炼、有升华,最大限度调动党员参与积极性;落实组织生活会、民主评议党员、谈心谈话等制度,要抓好每个工作环节,做实每项工作,支部班子成员要切实发挥好模范带头作用,努力把党内组织制度落实到每一位党员,切实提高支部的凝聚力、战斗力、影响力。

(五)从提升效果层面,加强本支部工作的开放性和包容性

以开放、包容的态度开展工作,提升党建工作效果。加强支部的开放性和包容性,要做到党务公开,这是密切党群关系、提升党的领导的有效途径和关键环节。要扩大支部的对外交流,增进不同部门之间党建与业务的了解,以党建引领业务提质增效。要体现时代性,牢牢抓住党建工作时代性特点,学好新理论、运用新技术、研究新技术、把握新要求,创新工作方式方法,切实提升工作效果,取得成效。

专业气象服务高质量发展调研报告

王邦中 李 刚 王 震 代 付 周恩泽 李 岚
郭婷婷 姜 森 林 毅 王 迪

(辽宁省气象局)

根据辽宁省气象局党组年度调研计划和2020年全省气象工作会议安排,辽宁省气象局组成了以王邦中同志为组长的专业气象服务发展调研组,通过调研梳理重点领域专业气象服务发展情况,分析党的十九大以来重点领域专业气象服务发展的政策形势,全面梳理辽宁省重点领域专业气象服务发展现状及存在问题,有针对性地提出推动辽宁省重点领域专业气象服务发展的对策建议。

一、调研概况

省局于2020年年初制定调研方案,组建由王邦中同志任组长,由办公室、应急减灾处、省气象服务中心等部门组成的调研组。调研对象选取省委政策研究室、省政府研究室、省发改委及人保财险、华为公司等30余个厅局和企业以及省内10余个城市的地方党委、政府。调研方式采取"四结合"的方式(书面与实地、部门内外、面上与专题、请进来与走出去相结合),开展走访调研、交流座谈、文献研究、资料分析。

二、专业气象服务领域概况

(一)农业领域

党的十九大报告提出:农业农村农民问题是关系国计民生的根本性问题,必须始终把解决好"三农"问题作为全党工作重中之重。黑龙江开展绿色粮仓、绿色菜园、绿色厨房特色气象服务;按不同积温带制发农气产品。福建开展面向设施种植户"一棚一测一报一送一控制"的服务,树立"农气宝"品牌。辽宁省基于智能网格预报,依托智慧农业气象服务平台、智慧农业气象服务手机客户端,开展了精细化农业气象干旱监测和预报、设施农业气象服务、玉米气象服务及水稻气象服务等工作;开展特色农业气象服务,发布花期预报、打药预报、果树套袋预报、成熟期预报等精细化服务产品。

(二)生态领域

党的十九大报告提出:必须树立和践行绿水青山就是金山银山的理念,坚持节约资源和保护环境的基本国策,像对待生命一样对待生态环境。内蒙古开展生态文明建设绩效考核气象条件贡献率评价。黑龙江分析评估大小兴安岭林区雷电监测基础设施能力。辽宁省依托气象部门成立高分辨率对地观测系统辽宁数据与应用中心,利用高分卫星数据开展自然资源调查、森林火灾、典型湿地、粮食安全、矿产资源等监测评估工作;首次将气象技术应用于红线划定,开创气象部门参与地方生态保护红线划定工作的先河。主动参与国土空间规划编制,完成资源环境承载能力和国土空间开发适宜性评价气象参数计算,开展沈阳城市通风廊道设计。

（三）交通领域

党的十九大报告提出建设交通强国。江苏与高速运营公司合作开展高速公路气象观测及交通气象研究。辽宁省搭建基于智能网格预报、格点实况的交通沿线地理信息服务平台,实现高速公路、铁路沿线精细化气象服务,提升服务水平和经济效益。

（四）海洋及渔业领域

党的十九大报告提出:坚持陆海统筹,加快建设海洋强国。中国气象局依托海洋气象导航系统服务30家企业、600余个航次。天津开展港口、航线、海上工程精细化服务。浙江发布渔场、海水养殖等预报预测产品。大连为海事部门、航运企业提供海域及航线精细化气象服务;建设"海洋牧场公共服务平台",与海洋渔业局、农业局合作,向3000余艘渔船发布气象灾害预警信息,与大连海洋大学联合开展贝类浮筏养殖高温风险提醒服务。

（五）物流领域

浙江为"义新欧"中欧班列11条国际铁路线路提供集装箱小环境监控、商品运输适宜度预报等针对性精细气象服务产品。河北与新发地农副产品物流园签署合作备忘录,为园区管理、物流运输提供气象保障服务。辽宁作为我国通往东北亚地区的重要枢纽,近年来努力通过推进现代物流建设促进经济振兴。2018—2020年,沈阳、大连、丹东、营口被确定为国家物流枢纽承载城市,营口、大连成为港口型国家物流枢纽,针对物流领域的气象服务市场广阔。

（六）石化能源领域

习近平总书记强调:东北地区是我国重要的工业和农业生产基地,维护国家能源安全战略地位十分重要,关乎国家发展大局。天津针对管线、储罐等开展气象监测预警服务。新疆为油田提供全时全方位气象监测预报信息。辽宁省成立辽河油田气象服务中心,研发石化行业气象灾害服务系统,建立包括石化行业气象致灾和服务指标集、雷电等灾害风险区划图、企业分布数据库及行业安全生产对应的防御指标;研发9类服务产品;向核电企业提供天气信息及数据服务。

（七）清洁能源领域

2019年政府工作报告指出:大力发展可再生能源,加快解决风、光、水电消纳问题。湖北研制用电需求气象条件等级、太阳能光伏发电功率预报规程等多个专业气象服务标准。内蒙古开展风电数值模式预报检验分析。辽宁省开展全省风能、太阳能资源区划和评估,开展百余个风电和光伏发电项目资源评估,为发电企业投资决策和科研设计提供技术支撑;向电力部门提供常规天气信息产品和服务专报;开展气象条件对夏季高温用电负荷及冬季电线覆冰的影响和预报模型研究,与电力部门实现逐时气象监测和预报数据共享,首次将气象数据融合至电网负荷预测系统。

(八)装备制造领域

党的十九大报告提出:加快建设制造强国,加快发展先进制造业,推动互联网、大数据、人工智能和实体经济深度融合。上海为国产飞机提供获得飞行执照前的侧风、结冰等多项试飞气象服务。墨迹天气公司与多家汽车制造企业合作,将天气场景化服务融入"生态车联网"。辽宁省是重要老工业基地,特别是装备制造、石油化工、航空航海等产业,在国家产业布局中占有重要位置,未来可探索开展相关服务。

(九)建筑及土木工程领域

党的十九届五中全会提出:坚持把发展经济着力点放在实体经济上,坚定不移建设质量强国。推进新型基础设施、新型城镇化、交通水利等重大工程建设,支持有利于城乡区域协调发展的重大项目建设。广东形成《港珠澳大桥桥位气象观测及风参数专题研究报告》。河北开展工地专项气象服务。黑龙江开展恶劣天气对高铁工程建设影响评估。辽宁省开展机场、热电厂、铁路等重大基础设施建设的气候可行性论证;京哈高速公路辽宁段道路改造期间,为高速公路运营公司提供施工沿线气象服务。

(十)保险领域

国务院办公厅《关于金融服务"三农"发展的若干意见》指出:创新研发天气指数、农村小额信贷保证保险等新型险种。中国气象局与中国人保集团2019年联合印发《推动落实双方合作框架协议的行动计划》。广东以指数保险作为巨灾保险制度的初级保险模式,设计保险方案。辽宁省与部分保险公司合作,开展精细到村的玉米干旱影响损失评估,为农业保险赔付提供定量参考依据;近期,拟与人保辽宁分公司签订战略合作协议,共同推进综合减灾类保险项目、政策性农业保险项目顺利落地。

(十一)卫生健康领域

党的十九大报告提出实施健康中国战略。上海研发感冒等疾病风险预报。海南开展哮喘疗养院、呼吸小镇等项目的康养气候条件评估论证。辽宁省已研发中暑、舒适度、感冒、过敏、紫外线、穿衣等气象指数,并对公众发布相关预报服务产品。

(十二)文旅领域

2020年政府工作报告指出:推动消费回升。支持餐饮、商场、文化、旅游、家政等生活服务业恢复发展。北京融合旅游等多部门数据,推出京城文化、农业采摘等特色旅游服务产品,为用户智能推荐旅游适宜景区和路线规划。辽宁省形成《辽宁省冰雪气候特征及开发规划建议》,与省文旅厅等单位联合印发推进辽宁省冰雪经济发展实施方案;根据季节特点,研发观鸟、避暑、枫红和冰雪等特色旅游气象指数和AAAA级以上景区精细化预报;开展"天然氧吧"评定工作,鞍山市千山景区获得"中国天然氧吧"称号。

(十三)体育领域

党的十九大报告提出:广泛开展全民健身活动,加快推进体育强国建设。华风集团打造滑雪场分钟观测、预报和精准场景服务。甘肃开展马拉松赛气象服务。"十二运"期间,辽宁省开展面向组委会、运动员和观众的气象服务;沈阳、大连、丹东、营口等市也相继为马拉松赛事活动提供精细化天气预报和比赛沿途气象要素实况。

三、存在困难及应对措施

(一)对专业气象服务意义的认识不到位

部分气象部门对专业气象服务的定位不够准确,认识不到位,概念模糊、服务边界不清晰,有将专业气象服务作为科技服务创收的途径,或是将专业气象服务作为基本公共服务提供等问题。

(二)发展专业气象服务的动力不足

气象部门开展生态、农业、交通、旅游、海洋、森草、地质灾害等基础性公益性专业气象服务能力不断提升,但经费保障不足。气象部门缺乏自主培育的市场主体,专业气象服务发展动力不足。

(三)对专业气象服务需求的分析不透彻

气象部门以专业服务用户为中心、融入式发展水平不高。对于生态、农业等公益性服务对象的需求深入分析不够,对于金融保险、远洋导航、物流等市场化服务对象需求了解不足。

(四)专业气象服务主体不适应市场化发展要求

气象部门作为政府所属事业单位,国有气象服务企业缺乏紧迫感和危机感,无法有效实现市场化分配和奖惩机制,自主经营权弱,缺乏活力,效益不高。

(五)专业气象服务技术支撑不足

气象部门对其他领域与气象要素相关性的关键指标与核心技术了解不足,研究重点不突出,聚焦聚力不够,专业气象服务存在科学技术瓶颈。

(六)专业气象服务人才供给缺乏

专业气象服务技术研发人员缺少用关键核心技术占领市场的竞争意识。专业气象服务缺乏足够的人员力量将专业气象服务拓展到各个领域。

四、对策建议

（一）明确服务定位

充分认识发展专业气象服务是气象部门更好地保障国家重大战略、满足人民美好生活需要、服务经济转型与高质量发展的重要保障，是气象事业高质量发展的重要组成部分。

（二）加强需求分析

强化需求分析，利用大数据、云计算等方式对服务对象需求进行分析和服务满意度调查，推动专业气象服务以需求为导向融入式发展，提供适应多样化、个性化的专业气象服务产品。

（三）拓展服务领域

深化农业气象服务，强化粮食安全气象保障，加强遥感数据在农业气象服务中的应用，开展农业防抗旱和防雹人工影响天气作业。

完善林业气象服务，加强遥感数据在森林防灭火监测、评估中的应用，改进森林病虫害气象风险预警产品，加强森林防灭火人工影响天气作业。

发展水文气象服务，完善面雨量预报，发展中小河流面雨量业务，开展湿地保护和恢复气象监测评价。

扩展海洋气象服务，加强海洋气象灾害监测预报预警服务，完善海上航线、近海岛路气象灾害监测预警产品，健全港口气象服务业务体系。

强化生态气象服务，开展重大气象灾害和气候变化对生态系统影响评估，完善资源环境气候承载力评估业务，强化生态修复人工影响天气作业，提升生态保护红线划定和管控气象分析支撑能力。

完善环境气象服务，加强空气污染气象条件分析，改进核泄漏应急、有毒（害）气体扩散模式及产品。发展城市空气质量预报、霾和臭氧的监测预报预警、紫外线指数预报服务等。

加强旅游气象服务，开展宜居气候禀赋分析，开展旅游设施建设气候可行性论证服务。推进旅游康养气象服务，开展冰雪经济发展气象条件分析，推动辽宁境内中国气候宜居城市（县）、中国天然氧吧评价工作。

加强交通气象服务，加强交通气象灾害监测预报预警服务，强化公路、铁路运营调度气象保障，开展物流运输全程气象保障。健全海上搜救气象保障业务，建立水运气象预报业务。

发展能源气象服务，发展电网负荷预报预测业务，深化电力生产调度、电网运营维护气象服务。加强精细化风能和太阳能资源评估咨询和预报，提高石油化工产业雷电监测预警能力。

优化城市气象服务,加强卫星遥感城市热岛监测,发展城市通风廊道和规划设计、海绵城市建设等气候应用服务,完善城市暴雨强度分析业务。

发展健康医疗气象服务,提高健康医疗气象服务能力,推进公共卫生气象预报服务。改进中暑、舒适度、感冒、穿衣等气象指标和系统。

（四）完善政策支撑

辽宁省气象局出台了《关于促进重点领域专业气象服务发展的意见》,聚焦重点行业领域,提出适合省情重点发展任务。加大对中国气象局、辽宁省委省政府出台等政策文件的解读,对标新业态新需求,强化科技、人才、资金、政策保障,推动辽宁省专业气象服务实现更大发展。

（五）营造良好氛围

激发科研人员创新创业积极性,加大物质收入激励和精神激励。宣传政府购买专业气象服务工作的重要意义、主要内容、政策措施等,加强舆论引导和政策解读,充分调动社会参与的积极性,为推进政府购买服务营造良好社会氛围。

（六）强化竞争意识

专业气象服务行业竞争日益加剧,气象事业单位和国有气象服务企业要增强竞争和危机意识,强化自身在公益性专业气象服务市场竞争中的主体作用。减少行业内无序竞争和同质化经营,集中资源形成合力。实现专业气象服务领域的业务、资源、人才的集约。

黄河流域生态保护和高质量发展气象保障服务调研报告

廖 军[1] 赵国强[2] 王胜杰[1] 范学峰[2] 王晓煜[2] 朱永昶[2] 郭转转[1] 王姣姣[1]

(1. 中国气象局气象发展与规划院;2. 河南省气象局)

一、基本情况

调研目的:深入了解黄河流域生态、水利、防灾减灾和地方经济社会发展等气象服务保障的多维度需求,查找流域气象事业发展和服务中存在的不足、弱项和短板,检视存在的突出问题,研讨凝练"黄河流域生态保护和高质量发展气象保障发展规划"(以下简称《规划》)前期研究和编制工作思路。

调研方式:实地调研与调查表、电话专项调研方式相结合。

调研人员:气象发展与规划院和河南省气象局有关人员。

调研对象:调查表调研了沿黄9省区气象部门,实地调研了河南、山东、宁夏省市县三级气象部门和水利部黄河水利委员会及省市县三级河务部门,宁夏回族自治区气象局。

二、调研成果

(一)黄河流域气象服务保障能力

流域气象监测进一步精密。沿黄9省区建成新一代天气雷达65部、风廓线雷达24部、国家级高空气象观测站47个、国家级地面气象观测站3359个、省级气象观测站1.6万个、卫星遥感校验站5个,气象监测精密度逐步提升。

流域气象预报进一步精准。发展了覆盖上下游、干支流、左右岸的智能网格气象预报。建立了短时强降水、雷雨大风、冰雹等灾害性天气分类预警和精细化落区预报业务。短时、短期预报精细到乡镇,中期预报精细到县域。气候监测预测业务快速发展。流域面雨量、洪水预报有效开展,流域影响预报预测业务深入推进。

流域气象服务进一步精细。初步建立了宽领域、广覆盖、智慧化的气象服务体系,气象服务精细度逐步提升,为黄河水资源调度和分配、防汛抗旱提供了科学决策依据。公共气象服务产品科技含量和质量都明显提升,服务领域进一步拓展。上游宁夏枸杞、中游陕西苹果等特色农业气象服务、下游山东海洋气象服务和上游河套灌区、中游汾渭平原、下游黄淮海平原粮食生产气象服务以及中下游综合立体交通枢纽经济气象服务体系等逐步完善。

流域防灾减灾救灾能力显著提升。逐步健全"政府主导、部门联动、社会参与"的气象防灾减灾救灾机制和多灾种气象灾害监测预警部门联动机制,实现了气象防灾减灾体系标准化和网格化服务管理,基层气象防灾减灾救灾队伍稳定发展。建成传统媒体和新媒体融合发布体系,实现气象灾害预警信号"全网发布",预警信息覆盖率达95%。气象防灾灾害防御法律法规和避险常识得到广泛宣传和普及。

流域生态气象服务能力不断提升。流域生态气象业务体系逐步建立。黄河流域生态气象要素监测预报预测业务、生态质量气象监测及评价业务、生态系统气象影响预评估和风险预警、生态系统气候承载力监测评估业务逐步开展。气象服务上游水源涵养能力稳定提升、中游黄土高原蓄水保土能力显著增强,气象保障下游河口湿地面积逐年回升和生物多样性明显增加能力逐渐增强。

流域气象中心作用有效发挥。河南省局充分发挥牵头作用,不断深化内外合作,形成"内联动、外融入""小实体、大网络"运行机制。黄河流域气象中心纳入治黄组织领导机构,全面参与黄河重大调度决策、工作检查、调研督导、应急演练,全面融入黄河治理日常工作。流域气象中心与黄委水文局、防办、水调局和流域8省区气象局形成的部门间联合会商、数据共享、联防服务、科研攻关、工作交流五大机制进一步完善,内外合作联防服务更加高效。

(二)黄河流域气象服务保障存在的问题和短板

一是最大矛盾是流域战略保障需求与气象保障能力不相适应的矛盾。上游突出表现为观测站点稀疏、卫星遥感应用能力不足;中游突出表现为山洪地质灾害、水土流失气象服务能力不强和汾渭平原大气污染防治服务不足;下游突出表现为大城市、城市群气象服务能力不强、赋能经济高质量发展能力不足。

二是最大问题是流域气象科技创新要素不活跃。突出表现为流域气象科技创新整体实力不强,高能级创新平台缺乏;河南、山东气象科技创新能力、创新贡献与GDP占比不相称(河南、山东两省GDP占流域64.9%)。

三是最大挑战是黄河安澜第一道防线作用发挥不够。突出表现为暴雨预报精准度与水文预报需求不相适应;气候预测及气候变化在农业、水利、生态等领域的早期预警能力不足。

四是最大短板是流域信息化程度偏低。突出表现为流域部门内外信息共享不够和大数据应用能力不强。

五是最大弱项是流域关键核心技术支撑能力不强。突出表现为流域区域数值预报模式缺乏和人工智能技术应用不够。

(三)黄委会落实黄河流域生态保护和高质量发展战略进展情况

重融入,积极对接融入国家规划。积极参与国家层面的顶层设计,参与水利纳入《黄河流域生态保护和高质量发展规划纲要》主要内容编制和16项重大问题研究工作,组织技术骨干开展专项工作,形成阶段性成果。黄委会防御局配合水利部防御司编写完成《水利部防御司推动黄河生态保护和高质量发展工作方案》。

编规划,积极谋划顶层设计。黄委会编制完成《黄河流域生态保护和高质量发展水利规划思路报告》《黄委贯彻落实"四个确保"规划要点》两项报告。积极谋划编制《黄河流域生态保护和高质量发展水利专项规划》,目前已启动专项规划编制工作。围绕智慧水利顶层设计,黄委会信息中心完成智慧黄河实施方案和近期行动方案编制。

出实招,加强信息统筹整合和共享共用。积极推进水治理体系和治理能力现代化,以信息化工程促进流域大保护和大治理。黄委会信息中心初步构建天空地一体化监测感知体系,基本建成流域共享共用大数据中心和支撑强监管的协同联动监管大系统、流域工程联合调度大平台。山东黄河河务局建立大数据中心,开展数据资源感知网建设。

(四)黄委会对气象服务保障提出新需求

破藩篱,完善信息共享机制。面对目前信息共享不全面不完善的问题,需要进一步完善流域水文、气象观测体系和信息共享方式,加强降水量、蒸发量、土壤墒情等水文气象监测要素、气象卫星数据产品、中短期降水和环流形势等预报预测成果的共享力度,建设水文、气象资料和预报产品交互共享业务平台。面向流域雨情、水情、汛情、旱情、灾情预报预测的需求、水旱灾害防御、水资源管理对气象信息的现代化应用需求,推动流域和地方层面常态化信息交流和定期通报,实现气象和水文信息高度融合。

夯基础,提升气象监测精密度。流域气象观测站网密度不能满足水文预报需求,需要利用多源降水资料同化技术实现降水在时间和空间上的精细监测。获取实时雷达降水云图、雷达降雨图及其变化过程跟踪图,对可能的洪灾量级和过程进行分析预估,为防汛指挥调度部门提供信息支撑。需要开展及时的台风云系、流域级降雨过程的遥感跟踪监测,获取相关卫星影像以开展解释分析工作。

重协作,强化水文气象业务融合。需要与气象部门联合建立流域汛期旱涝趋势定期实时会商制度,对暴雨等重大灾害性天气过程和干旱、流域洪涝、山洪灾害等重大水旱灾害进行会商,共同做好天气气候形势和汛情、旱情、灾情的分析研判。需要上游宽河道的暴雨天气预报资料,做好下游窄河道水位流量预报,延长径流预报期。上游宁蒙河段淤积形成的新悬河洪水风险应对保障提出了新需求,黄河中游小浪底—花园口区间1.8万平方千米无工程控制区对黄河下游防洪安全威胁大,需要加强中尺度数值降水预报模式和洪水预报模型的耦合研究,通过预报预测协作延长预见期。

抓核心，提升流域气象预报精准度。急需开展干支流精细化、格点化气象预报，提高黄河流域气象服务的针对性和专业性；需要提高流域整个降水过程的持续时间、过程降雨量逐日预报的准确率，为进一步延长易灾区预见期提供预报产品。凌汛期需要黄河重点区域长期气温预测和寒流过程预报产品，提升凌汛气温预报能力，为防凌工作提供技术支持。汛期河源、刘兰区间、河龙区间需要格点化精准降水预报，与水文资料结合开展降雨、径流一体模型研究，为黄河水库群联合调度和水资源高效利用提供可靠技术支撑。需要气象部门提供准确的土壤墒情短期预报，为区域精准调水提供决策服务。

强支撑，加强气候变化影响评估。需要结合黄河上、中、下游情况进行气候变化影响评估研究，为上游水源涵养、中游水土保持及下游防洪提供更有力支撑。

三、对策建议

（一）切实提高规划站位

深入分析气象部门适应国家实施黄河流域生态保护和高质量发展战略的挑战和机遇，从服务国家战略角度谋划气象保障服务工作。提高规划站位。围绕服务保障黄河流域生命安全、生产发展、生活富裕、生态良好的要求，建立"泛黄河流域"服务理念，充分考虑黄河上、中、下游及受水区服务需求。举国省两级气象部门合力，融气象、水利两部门智慧，树立"一盘棋"思想，制定好未来10~15年的黄河流域气象服务保障工作的时间表和路线图。

（二）扎实做好前期研究

围绕黄河流域生态保护和高质量发展的迫切需求，从气候变化对黄河流域生态环境的影响及适应对策、黄河长治久安防灾减灾气象保障体系、黄河流域空天地一体化生态气象监测评价体系、黄河流域空中云水资源开发利用能力、黄河流域粮食安全气象保障服务能力、助力保护、传承、弘扬黄河文化的气象服务能力、黄河流域业务服务体制机制等方面开展专题研究，形成分析研究报告。

（三）推动建立一项机制

建立黄河流域气象服务保障协同机制，强化部门协同、国省协同、省际协同。以实施黄河流域国家战略为契机，从顶层设计着手，打破部门藩篱，做到统一规划、统一标准、统一数据，有效深化气象与水利、河务、自然资源、生态环境、应急管理等部门的合作，实现决策沟通、平台联通、共享畅通、业务相通、科研融通，合力打造黄河流域气象服务保障共同体。

（四）不断强化两个实体

一是做大做强黄河流域气象中心，建成创新型实体单位，扩充职责覆盖至黄河流域水旱灾害防御、生态环境保护、云水资源开发利用、乡村振兴、重大水利枢纽工程等气象保障服务领域,增强人才配备,凝练流域气象中心业务服务运行新机制。二是做专做优流域各省区生态气象遥感中心,加强对黄河流域重点生态功能区气象保障服务,以及对流域生态环境承载力、生态系统动态变化、生态资源与生态气象灾害、环境气象的监测预报预警和评价决策咨询服务。

(五)着力突破三项技术

一是发展覆盖黄河流域的高分辨率多尺度数值预报系统,实现天气、水文、环境模式的一体化高质量发展,模式水平分辨率达到1千米,提高中短期(1~7天)降水预测精度,有效延长洪水、径流预见期等。二是完善黄河流域天气雷达组网,有效降低观测盲区,实现雷达协同组合观测及快速拼图,提升强对流天气监测预警能力,实现对低空和中小尺度灾害性天气的快速精细化探测。三是建立全流域一体化智能预报业务平台,联合9省区预报技术力量,深入研发模式释用和人工智能预报技术,形成水平1千米分辨率的黄河流域智能网格预报,实现全时空、全流域、全要素服务。

(六)凝练提出四大工程

一是推动流域生态文明气象保障工程。重点提升流域生态气象监测预警能力、影响评估能力、人工干预能力、生态气候服务能力。二是推动流域气象安全保障工程。重点加强流域防洪安全、防凌安全、生产安全、能源安全气象保障能力。三是推动流域乡村振兴气象保障工程。重点提高流域高标准粮田建设、流域特色农牧业发展等气象服务保障能力。四是推动流域气象文化发展工程。重点增强气象服务中华文明传承、黄河流域文化保护、全域旅游等方面的能力。

(七)深入谋划五大布局

聚焦流域干旱、暴雨洪涝、山洪地质灾害、大风、高温热害等,筑牢流域气象防灾减灾第一道防线。聚焦流域水源涵养区、荒漠化防治区、水土保持区、河湖水污染防治区、河口生态保护区生态环境治理保护,服务保障生态廊道保护修复。聚焦流域交通网、能源网、信息网和"一带一路",服务保障流域经济走廊互联互通。聚焦流域气候变化及其影响,打造流域科学应对气候变化试验区。聚焦流域水资源短缺,打造气象助力流域水资源短缺纾困示范区。聚焦流域粮食生产、能源开发利用和大城市城市群发展等,打造气象赋能流域高质量发展实验区。聚焦流域气象大数据应用,建立黄河气象大数据应用中心。聚焦流域气象关键核心技术破解,建立黄河气象科技创新中心。聚焦提升流域一体化保障效能,探索大江大河流域气象事业发展新模式。整体上,形成黄河流域生态保护和高质量发展战略实施"一线、两廊、三区、两心、一模"的"12321"气象保障功能布局。

促进气象科技成果转化政策实施情况调研报告

姚学祥　赵　瑞　闫冠华

(中国气象局科技与气候变化司)

党的十八大以来,党中央、国务院高度重视科技创新工作,围绕实施创新驱动发展战略出台了一系列科技成果转化政策,着力推进科技特别是科技成果转化体制机制创新,充分激发科技人员的积极性和创造性。习近平总书记在党的十九届五中全会强调:"激发人才创新活力,完善科技创新体制机制";要"健全以创新能力、质量、实效、贡献为导向的科技人才评价体系。健全创新激励和保障机制,构建充分体现知识、技术等创新要素价值的收益分配机制,完善科研人员职务发明成果权益分享机制";要"加强知识产权保护,大幅提高科技成果转移转化成效"。为了促进科技成果转化,国家从修订法律、制定配套政策到部署具体行动,系统部署了促进科技成果转移转化工作的"三部曲",科技部、财政部、人力资源社会保障部、税务总局等也就科技成果转化相关的管理制度以及财政、人事、税务政策出台了相应的办法。中国气象局也根据行业科技成果转化实际,形成了从气象科技成果产出、认定、登记、中试、业务准入到科技成果转化激励的制度体系。

为了掌握国家、中国气象局促进气象科技成果转化政策实施情况,为今后促进气象科技成果转化提供决策依据,根据《中国气象局办公室关于做好2020年气象政策调研工作的通知》(气办函〔2020〕24号)要求,科技与气候变化司开展了促进气象科技成果转化政策实施情况调研。

一、调研工作开展情况

调研组成员来自科技与气候变化司从事促进气象科技成果转化的相关人员,调研工作共分为四个主要步骤。

(一)认真学习有关政策和理论

调研组深入学习领会习近平总书记在党的十九届五中全会以及在科学家座谈会上的讲话等关于科技创新的有关讲话精神等,提高了对科技成果转化工作的认识。习近平总书记的重要讲话精神是调研组做好科技成果转化调研工作的政策依据和理论指导。

(二)深入有关单位实地考察

受疫情影响,调研组成员结合自身工作先后到北京、天津、河北、辽宁、江苏、浙江、海南、甘肃等省(市)气象局以及国家气象中心、国家卫星气象中心、国家气象信息中心、中国气象局气象探测中心、中国气象局公共气象服务中心、中国气象科学研究院等中国气象局直属事业单位调研,并结合在部门内和相关部委书面和网络调研形式,了解各有关单位和兄弟部委在科技创新促进科技成果转化应用等工作开展情况,调研目前部门内科技成果转化的现状,学习借鉴好的做法,了解存在的问题。

(三)充分研讨

调研组对各相关单位关于科技成果转化情况进行了认真梳理,整理出主要理论政策参考依据,对有关问题进行了深入的探讨,分析问题的原因、实质及解决的办法,并对今后科技成果转化工作的基本思路、措施进行了认真的研讨,提出意见和建议。

(四)撰写调研报告

在充分调研的基础上,调研组反复修改完善,形成了调研报告。

二、气象科技成果转化政策制定情况

为了促进科技成果转化,国家修正《中华人民共和国促进科技成果转化法》,制定《实施〈中华人民共和国促进科技成果转化法〉若干规定》(国发〔2016〕16号)配套政策,部署《促进科技成果转移转化行动方案》(国办发〔2016〕28号)具体行动,从修订法律、制定配套政策到部署具体行动系统部署科技成果转移转化工作"三部曲"。科技部、财政部、人力资源社会保障部、税务总局和知识产权局等也就科技成果转化相关的管理制度以及财政、税务政策出台了相应的办法。如科技部、财政部和税务总局印发《关于科技人员取得职务科技成果转化现金奖励信息公示办法的通知》,科技部等9部门印发《赋予科研人员职务科技成果所有权或长期使用权试点实施方案》,财政部印发《关于进一步加大授权力度 促进科技成果转化的通知》等。

中国气象局非常重视气象科技成果转化工作,先后出台了《气象科技创新体系建设指导意见(2014—2020年)》《加强气象科技成果转化指导意见》《关于增强气象人才科技创新活力的若干意见》《关于进一步激励气象科技人才创新发展的若干措施》等指导性文件,印发了《中国气象局科技成果认定办法(试行)》《中国气象局科技成果中试基地(平台)管理办法(试行)》《中国气象局科技成果业务准入管理办法(试行)》《中国气象局办公室关于进一步做好气象科技成果转化工作的通知》,以及《气象科技成果登记实施细则》等具体管理制度,基本形成了气象科技成果产出、认定、登记、中试、业务准入、激励的制度体系,这对加快实施创新驱动发展战略,增强科技创新驱动现代气象业务发展能力,激励气象科技人员致力于气象现代化建设和核心技术突破,推动科技成果转化应用起到了规范化管理的制度保障和引导、促进作用。

中国气象局各直属业务单位和省级气象局也均根据自己的实际配套出台了相关政策,如大部分单位制定了成果认定、成果登记、成果中试以及业务准入等办法,北京等22个省(区、市)气象局、国家气象中心等6个直属事业单位制订了科技成果转化相关制度,特别是对成果处置、成果转化、成果转化奖励激励等进行了规范,明确科技成果收益对象是主要完成人和为促进成果转化做出贡献的人员,并提高了成果收益完成人净收益分配比例,极大提高了科技人员的科技创新和科技成果转化积极性。

三、气象科技成果转化和平台建设情况

(一)气象科技成果产出和转化应用情况

调研结果统计,2020年,气象部门产出较高质量的气象科技创新成果636项,在业务服务中得到应用的有明显成效的科技创新成果514项。产出的气象科技创新成果中,按科技成果所处阶段统计,成熟应用阶段的科技成果277项,占比43.6%;中期测试阶段科技成果197项,占比30.9%,初级研发阶段科技成果162项,占比25.5%。2020年实际应用的科技成果包含了以前产出而在今年得到业务应用的部分,按照实际应用与产出相比,成果转化率80.8%,这也说明了气象科技研发直接服务气象业务发展、科技成果业务转化更加快捷的特点。

(二)气象科技成果转化平台建设情况

气象科技成果中试基地(平台)。科技成果中试基地(平台)是连接科技研发与业务的载体,具备测试与检验、集成与二次开发、评估与评价、技术示范推广与交易、引导科技资源配置等功能。2015年起,中国气象局开始科技成果中试基地试点建设,主要围绕天气预报、气候预测、气象服务技术、气象仪器设备与观测方法、站网设计与评估、信息技术和数据产品研发等重点领域开展科技成果中试。截至2020年年底,11个单位开展了中试基地试点建设,天气预报、气象探测、气象服务、区域数值预报等4个中国气象局科技成果中试基地正式业务运行。"十三五"期间,共166项科技成果进入中试,42项科技成果经过中试进入业务应用。同时,中试基地在科技成果业务准入测试评估中发挥了积极作用,数十项科技成果通过业务准入评审进入业务正式应用。

气象服务产业技术创新联盟。气象服务产业技术创新联盟于2019年成立,由华风集团、南京信息工程大学、华为、百度、腾讯等12家不同行业、不同领域的合作单位组成。成立一年来,不断加强校企合作,与南京信息工程大学联合共建的华风南信大研究院正式成立,在高分辨率短临天气预报预警、污染扩散模拟等方面取得阶段性成果;加强联盟内成员单位的技术融合与协同创新,利用搜狗人工智能技术研发AI虚拟主播,利用新奥特三维图形渲染能力研发自主知识产权的气象三维图文可视化产品,与百度公司合作研发"智能AI合成气象短音视频产品制作与服务平台",推出《小

岳岳报天气》产品,日均送达超过 3000 万人次,月页面浏览量达 9 亿;同时发挥企业机制,通过成员单位间的资源置换、共同招商等合作,推进各成员技术成果的市场转换,有效提升了资源使用和市场开拓的效率。

四、气象科技成果转化过程存在的主要问题

(一)对科技成果转化政策理解不到位

近年来,虽然国家和中国气象局出台了很多推进科技创新和科技成果转化相关政策,但如何知悉、理解和运用,吃透这些科技成果转化政策的精神,厘清传统的科技服务与科技成果转化的关系等问题,梳理并制订适合本单位的科技成果转化制度、优化转化流程,是当前气象管理工作者迫切需要解决的问题。

(二)科技成果转化综合协调管理能力不足

科技创新从项目立项到科技成果应用涉及环节多,科技成果转化政策涉及科研项目管理、国资、人事、科技资源共享、科技成果转化收入奖励、工资税收等各方面。各流程管理部门条块化分割,科技成果转化协调难度较大。

(三)科技成果转化过程不规范

科技成果转化活动有一套完成的操作流程,如明确转化方式和转化对象、技术合同签订及公示、转化收益分配方案的确定及公示以及向主管机构的事后报告制度等。实际工作中,很多单位没有严格且规范地执行科技成果转化工作程序,产生了科技成果转化活动不规范、不公开透明等问题。

(四)科技成果转移转化专业人才队伍尚未建立

气象科技成果公益属性强,面向市场的科技成果少,转移转化多在部门内部无偿进行,导致气象部门缺少既懂技术又懂业务还懂市场需求,能够把科研机构与业务单位和企业更好地结合起来的专门人才队伍。

五、对策和建议

(一)修订完善现有气象科技成果转化相关政策

为了让气象部门充分享受国家科技成果转化政策,激发气象科技人员创新活力,推动气象事业高质量发展,建议对已出台的气象科技成果转化相关政策文件进行修订完善,对缺失的环节政策予以补充完善。

(二)加强科技成果转化人才队伍建设

鼓励国家级气象科研院所、事业单位和企业的科技人员及高层次专家,开展技术咨询、技术服务、科技攻关、成果推广、标准研制等科技成果转化活动,打造气象科技成果转化应用人才队伍。

（三）加强对气象科技成果转化活动的指导和监管

科技部门要加强科技政策的宣传和指导，引导各单位科学规范开展科技成果转化活动。人事部门要加强对人才激励政策落实的指导。纪检和审计部门要充分发挥监管职责，对科技成果转化活动中存在廉政风险的环节加强监管，同时建议将科技成果转化及收益分配情况纳入气象部门内部巡视和主要负责人离任审计的主要内容。

（四）加强科技成果转化政策宣讲培训

依托国家级气象教育培训机构建立技术转化人才培养基地，设立科技成果转化相关课程，开展国家及气象部门科技成果转化政策解读和培训，提高气象科技成果转化综合协调能力。及时总结推广气象科技成果转化的突出经验和做法，加强面向科研、业务、人事、财务、审计等各方面的宣传解读，指导各科研单位、业务单位和局属企业用活用好国家科技成果转化政策。

关于京津冀协同发展气象保障服务调研报告

杨卫东

(四川省气象局)

根据工作安排,2020年9月,四川省气象局、重庆市气象局联合调研组一行8人,赴北京市、河北省气象部门调研京津冀协同发展气象保障服务等情况。调研组先后调研北京市气象局、海淀区气象局、河北省气象局、雄安新区气象局,通过座谈交流、现场参观等方式开展调研工作,现将有关情况报告如下。

一、京津冀协同发展气象保障服务情况

(一)京津冀区域协同发展基本情况

2014年2月,习近平总书记在听取京津冀协同发展工作汇报时强调,实现京津冀协同发展是重大国家战略,要坚持优势互补、互利共赢、扎实推进。2015年4月,习近平总书记主持召开中共中央政治局会议,审议通过《京津冀协同发展规划纲要》(以下简称《规划纲要》)。

《规划纲要》实施六年多来,北京、天津、河北三省市出台实施一批重大改革创新举措,着力建立优势互补、互利共赢的协同发展制度体系。一是重点领域改革不断深化。京津冀协同发展着力加强顶层设计,《规划纲要》坚持三地一盘棋。2016年,《"十三五"时期京津冀国民经济和社会发展规划》正式印发,成为全国首个跨省级行政区的"十三五"规划,同时京津冀土地、城乡、水利、卫生等12个专项规划全部印发实施。二是创新驱动日益凸显。作为我国创新资源最密集、科技创新成果最丰富的区域之一,京津冀以促进创新资源合理配置、开放共享、高效利用为主线,以深化科技体制机制改革为动力,推动形成京津冀协同创新共同体。三是试点示范积极推进。京津冀坚持从实际出发,选择有条件的区域先行先试,通过试点示范带动其他地区和领域发展,在生态环境保护、产业发展、现代农业技术研究和示范等方面不断深化。

(二)京津冀协同发展气象保障服务工作推进情况

为贯彻落实《规划纲要》,中国气象局于2016年4月编制印发《京津冀协同发展气象保障规划》(以下简称《规划》)。《规划》实施五年多来,京津冀协同发展气象保障服务工作切实推进,取得了显著成效。

1. 构建区域一体化公共服务体系

一是提升区域气象防灾减灾协同能力。加强区域气象灾害风险管理,统一气象灾害风险评估和风险区划标准,编制京津冀一体化气象灾害防御规划,形成一张规划蓝图,一个风险区划,一组联防台站,一部气象灾害防治法规。协同区域气象灾害防御应对,加强部门合作,完善应急预案体系,实现气象灾害防御区域上下贯通、部门、行业间无缝对接。统一区域气象灾害预警信息标准,建立健全三地两部门(应急办、气象局)突发事件预警信息发布管理机制,实现与区域内各部门预警信息的横向共享和纵向贯通,与区域内各种社会信息发布资源的共享共用和有效对接。统筹区域人工影响天气业务,完善适应京津冀一体化经济社会发展需求的集约化、研究型、开放式的人工影响天气业务体系。二是提高区域城乡公共气象服务水平。构建和发展现代化京津冀智慧气象服务,围绕京津冀协同发展战略,重点做好京津冀城市群生命线保障以及交通、旅游、城市运行管理等气象服务。提高重大活动气象保障水平,协同做好冬奥会、十三运等重大赛事、阅兵等重大活动气象服务,强化突发事件应急保障能力,加强区域突发天气联防和联动沟通协调。三是强化重点领域气象服务保障。提升京津冀交通一体化气象服务保障能力,协同做好高速公路、高速铁路、城市轨道、航空等气象服务,完善相应气象观测站网建设。提升区域生态环境保护气象服务能力,加强区域生态气象服务、京津冀环境气象服务,提高区域协同发展能力,做好暴雨洪涝、山洪泥石流、城市内涝、农业气象灾害等风险区划和风险评估服务和气象灾害保险评估服务。

2. 推进区域核心业务率先突破

一是提升大城市群精细化预报预测能力。建立区域天气数值预报模式、区域环境气象数值预报模式和黄渤海海洋数值天气预报模式,开展精细化格点预报业务,精细化格点要素预报、灾害性天气落区预报,强化灾害性天气监测预警。二是增强区域综合立体气象监测能力。优化综合观测站网布局,开展高影响天气三维立体监测,开展交通、生态、农业、海洋气象监测和飞机增雨作业条件联合监测识别;提高观测资料处理能力,推进集约化气象数据处理、多部门数据共享。三是提高区域气象信息化水平。规范京津冀气象信息基础设施资源池,整合数据资源,统一京津冀气象数据环境,构建京津冀集约化气象业务服务平台。

3. 创新京津冀气象协同发展体制机制

一是建立区域协同发展管理机制。建立京津冀协同工作机制,建立区域联席工作会议制度,建立重大规划项目协调机制和气象市场协同监管机制。二是明确区域气象业务分工。根据京津冀气象服务需求,发挥区域省市县各自优势,组建不同领域业务中心,分领域重点攻关和承担日常业务运行工作。三是建立区域科技协同创新机制。健全科技资源共享、协同攻关、成果转化、成果应用推广机制,建立日常业务会商、灾害联防应急、人才交流培养、装备保障统筹机制,实现协同保障。

二、需要重点关注的方面及体会

(一)主要亮点及体会

1. 以重点工程和重大活动为载体,推动合作落地

亮点:围绕雄安新区气象服务体系建设、区域大气污染治理、京津冀协同发展交通气象保障等国家重点功能项目的实施,北京、河北、天津局联合成立了相应的工作组,积极争取中国气象局、财政部、地方政府财政支持,其中"京津冀交通一体化安全气象保畅服务工程(一期)"获中国气象局项目立项,并分别在河北、北京、天津局顺利实施,共 1876 万元。依托冬奥会气象保障服务这一国家重大活动任务,北京、河北成立工作机构,共同建设冬奥赛区三维立体综合观测网,开展赛区百米级、分钟级的精细化气象预报关键技术和赛事专项气象技术研究,为赛事服务提供技术支撑,双方科研业务能力也得到较大提升。

体会:区域协同合作有效落实需要一定载体,重大工程建设和重大活动服务保障任务都是很好的载体,需要通过任务实施,推动区域合作协调融入、落地落实。为保障《成渝地区双城经济圈气象保障规划》(简称《规划》)的落地实施,《规划》中的项目要对接"出川出渝重大通道建设""区域内长江上游和川西北黄河上游等地区生态保护修复""建设'一带一路'进出口商品集散中心""推进中国西部科学城建设"等成渝地区双城经济圈重大项目,建议与四川、重庆两地"推动成渝地区双城经济圈建设联合办公室"加强沟通和对接,争取将专项规划的相关建设内容纳入。同时建议双方共同谋划重大活动,以此为载体深度融入合作发展。

2. 区域内发挥各自优势,建设各"业务中心"

亮点:北京市气象局依托"北京城市气象研究院",组建"京津冀天气预报和研究中心",面向短时、精准的天气预报需求,发展"睿图模式体系",组建了"大北方区域数值模式体系协同创新联盟",建立"睿图—河北系统""睿图—中亚系统"等,在河北、天津、山东、内蒙古等 15 个成员单位中推广应用,实现高频各类数据、产品在智能云上的集中采集、实时共享。此外,依托各自优势,建立国家级人工影响天气科学实验基地(河北)、京津冀环境气象预报预警中心(北京)、海洋气象中心(天津)、水文气象中心(天津)、生态与农业气象中心(河北)、交通气象中心(河北)等。在区域气象联动方面,还充分发挥区域气象中心的优势,"业务中心"的建设还将山西等省气象局纳入。

体会:区域规划编制要结合实际需求,突出各方优势,多领域、多层次共同推进。《成渝地区双城经济圈气象保障规划》编制,需要详细分析四川、重庆气象相关单位的相对优势,在交通、旅游、为农、数值预报、生态监测、人影等方面,以优势方为主,兼顾西南区域气象中心,建立相应的"业务中心"。

3. 谋划雄安新区智慧气象建设,引领未来发展

亮点:《雄安新区智慧气象建设规划》由中国气象局观测司牵头组织编写。围绕"监测精密、预报精准、服务精细",提出"一网一脑一平台一院"的整体业务架构。"一网"是指,构建由智能观测网数据集、预报服务产品数据集和数字城市应用数据集组成的大数据网;"一脑"是指,由智能气象观测大数据处理、精准智能气象预报预测系统、高水平气象信息化基础设施和智能化气象服务引擎等组成的"气象大脑";"一平台"是指,打造业务支撑平台,建立面向气象服务和管理全链条、满足不同用户需求的智慧气象服务系统;"一院"是指,智慧气象研究院。其中监测网络建设采用"共建共用"的思路,规划了"基准观测网、气象感知泛在网、物联网"三网合一的精密监测网络,其中"气象感知泛在网、物联网"结合雄安新区"数字孪生"项目的规划建设,主要由社会化观测为主,气象部门只参与规划与共享使用,不负责建设和维护。《规划》还深度融入雄安新区城市安全、通风廊道建设、白洋淀生态环境监测治理当中。

体会:城市新区建设发展是区域协调发展、特别是成渝地区协同发展的重要组成部分,气象规划需要进一步融入城市新区规划建设中,以点带面推动区域高质量发展。城市新区的气象建设规划要站高起点、超前谋划,气象观测网络系统要提前接入城市新区的建设规划中,要把基准观测网和社会化观测网络结合起来,采用"共建共用"的方式实现"监测精密"的要求。成渝地区各新区,特别是四川天府新区、重庆两江新区、成都东部新区等建设更需要结合城市发展需要,深度融入城市安全、环境监测以及智慧服务中。

(二)主要问题及思考

1. 管理机制约束力不强

问题:《京津冀协同发展气象保障规划》是京津冀协同发展的气象保障工作的纲领性文件。深入推动落实《规划》各项发展目标需要各省区市气象局更深度的协同。从近几年工作推动实际来看,《规划》实施约束力较弱,各单位单兵突进、各自为战的现象依然存在,顶层设计和统筹集约亟待加强。

思考:进一步成立专项领导小组,定期召开协调推进会议,设立相应的考核指标体系,加强过程监督考核。

2. 重点项目缺少专项项目经费支持

问题:在"十三五"时期,五省(区、市)气象部门对照各自"十三五"专项规划,拟申报项目25个,拟申报总投资规模24.50亿元,已批复到位投资7.82亿元,实施3.16亿元。地方投资成为支撑《规划》实施的主要资金来源。截至2020年,《规划》实施国家级配套工程中,包括冬奥会、区域大气污染治理等,仅有《京津冀交通一体化安全气象保畅服务工程(一期)》项目,总投资规模为0.19亿元。

思考:为保证专项规划的建设项目能够实施,专项规划的建设项目应当同"十四五"规划紧密衔接并纳入"十四五"规划建设内容,这样专项规划的建设项目通过"十四五"规划去争取项目立项和资金投入。

三、下一步工作建议

(一)关于成渝地区双城经济圈气象服务工作

1. 做好规划,抓好任务实施

做好成渝地区双城经济圈气象服务规划编制是推动合作任务落实的前提和基础。针对当前规划编制工作,调研组建议重点把握以下四个原则:一是分析当前实际,突出双方各自优势;二是紧跟发展大局,务实谋划合作任务;三是完善保障机制,有效推进合作落实;四是选准重点突破,以点带面发挥效益。

2. 找准定位,落实重点任务

认真分析成渝地区当前实际以及成渝地区双城经济圈建设目标,结合调研京津冀发展经验,调研组建议气象保障服务工作从以下三个方面着力。一是交通运输。结合当前成渝地区双城经济圈建设中交通运输发展的重要作用,以及事实上还存在的突出短板,气象服务交通运输保障应该做好重点任务之一推动落实。二是生态环保。川渝两地是休戚相关的生态共同体,水域、大气以及生态修复都是重要内容,气象合作能够务实高效,需要双方共同推进。三是科技创新。双方气象部门科技领域互补协作,四川局机构队伍优势突出,重庆局科研机制更加灵活,需要双方共同完善科技协同攻关机制、加强日常科研项目申报合作、强化科研团队建设。

3. 完善机制,推动落地落实

科学合理的机制保障,是合作能够高效有序的关键,结合调研京津冀发展经验,调研组建议进一步优化当前成渝地区双城经济圈建设气象保障服务工作机制,结合实际建立完善日常协调管理机制、科技协同创新机制、合作支持保障机制等,并成立各领域或各重点任务专项领导小组和工作机构,定期召开协调推进会议,设立相应的考核指标体系,加强过程监督考核,在抓小抓细中推动合作落地落实。

(二)关于业务发展工作

1. 大力推进研究型业务建设工作

一是建议围绕精细化预报、数值模式等重大业务需求,新增首席专家自组课题团队、持续滚动支持的重大专项立项组织形式,强化面向成果应用实效的项目考核机制。二是建议将科技创新平台作为科研业务深度融合的载体,以成渝地区双城经济圈建设重大战略部署为契机,攻关实况、预报网格产品应用以及复杂地形精细化预报等气象关键技术,实现高质量科研成果产出、高层次人才交流培养。三是建议加强气象大数据云平台建设,构建集约贯通的业务流程。完善气象大数据云平台"天擎",推动本地业务核心系统向"云+端"气象信息业务格局转型发展,加强业务协同。

2. 统筹共建加强精密观测系统建设

一是建议加强中小尺度大气廓线观测网建设,提升大气廓线观测精密水平。二是建议以新一代天气雷达结合 X 波段局地天气雷达,构建更加精密的天气雷达观测网,一方面弥补新一代天气雷达盲区,另一方面在重点区域实现新一代天气雷达与局地雷达的协同观测,提升对强对流灾害性天气监测预警的解析度。三是进一步加强成渝两个超大城市面向大气污染观测的城市冠层观测,为成渝超大城市环境气象监测和预报提供更加高效的服务。

3. 强化高原所业务支撑能力提升

高原所发展应借鉴北京城市气象研究院发展思路,以问题和需求为导向,进一步明确发展方向和路径。建议高原所聚焦青藏高原东部及东侧复杂地形降水机理与预报技术研究,通过复杂地形降水观测试验、形成机理、数值模式评估与应用的协同研究来提升科技创新能力,通过以 3 千米区域高分辨率数值模式检验评估和应用为核心的研究型业务建设来提高业务支撑能力。

气象科技人才成长现状及成长需求调研报告

邢亚争 孙天蕊 周　倩 蔡金玲 乐　青 刘　蕊

(中国气象局人才交流中心)

科技创新本质上是人的创造性活动。分析气象科技人才成长现状,调研了解科技人才成长需求,探索有利于人才成长的体制机制,对于加强和改进气象科技人才培养具有重要意义。本次调研主要围绕科技人才的成长背景、成长路径、工作科研情况和成长需求等内容对气象部门取得高级职称的人才开展问卷调查,通过线上发放问卷的方式,最终收回有效问卷1537份。此外,还采用高层次人才GPI心理测评系统对气象科技人才进行抽样测评,探究他们的个性潜在特质。

一、气象科技人才成长现状调查分析

(一)自身的努力奋斗、强烈的成就动机等个人特质是气象科技人才成长的内在动力

根据高层次人才GPI个性测评结果,气象科技人才在任务执行、人际互动和抱负能量三个维度上分数较高。任务执行关注职工的责任感、条理性、独立性与意志力,人际互动关注职工的乐群性、同理心、支持性与开放性,抱负能量关注职工的成就动机、权力动机、竞争性、决断性与影响力。气象科技人才普遍责任感很强,有着强烈的自我加压、自我实现的动力;他们刻苦努力,不甘于平庸。

(二)具有博士研究生学历以及两个不同院校复合教育经历的人更易成才

分析气象部门具有正高级职称人才的成长轨迹,一般需要工作10～30年的积累。取得正高资格时的平均年龄为44岁,约2/3的人取得正高资格时的年龄分布在37～47岁。40岁以前获得资格的人才中71.6%是博士研究生,取得资格年限较短(所用工作年限10年以下)的90人中,87人为博士研究生,说明经过较长时间的学习积累获得博士学位,今后在气象部门成长中具有一定优势。进一步分析博士人才的关键成长路径,本硕博在两个院校完成的路径平均每年成才人数最多(14人),远高于本硕博在同一院校或三个院校完成的人数(6人);且平均成长为正高级职称的时间耗时最短(16年)。同时,发现本科毕业于南京信息工程大学的人数最多,占45%。

(三)气象类专业背景有优势,而信息技术类专业成长较慢

从专业结构看,气象类专业占到正高级人才队伍的75.2%。他们从参加工作到

取得正高级职称平均用时最短,为21年。相反地,信息技术类专业在各专业中成才最慢,平均用时约24年。

(四)工作单位为国家级、从事科研开发岗位具有明显成长优势

成长为正高级人才所用年限随着单位层级的降低而增加,国家级、省级、地市级、县级分别为18年、23年、25年和27年,可见国家级直属单位人才成长明显快于其他层级。从事科研开发岗位占全国气象人才队伍总数的3.6%,而这一比重在正高级人才中上升至31.24%,说明从事科研的人更可能成长为高层次人才。

(五)最初在科研院所和高校工作的人成才相对较快

在正高级人才队伍中初始工作单位为部门内业务单位的人所占比重最大,但在科研院所和高校的人平均成长到正高级人才的时间(19年)明显短于气象部门内业务单位(21年)和部门外其他单位(23年),说明在科研院所和高校参加工作的人有一定优势。

二、气象科技人才成长阶段及影响因素调查分析

通过对调查数据总结,将气象科技人才成长划分为五个阶段。

(一)储备期(23岁以下)

储备期,家庭的支持、少年时期自身努力、接受良好的高等教育以及导师指导对科技人才成长发挥重要作用。调查对象中,近一半气象科技人才出生在县级地区,57.9%的人自我评价家庭条件一般,25.8%认为家庭出身较差或贫困。尽管家庭条件一般,77.7%的人认为家庭对其成长提供了较大支持和激励,使得绝大多数气象科技人才在少年时代出类拔萃。气象科技人才学历层次较高,均接受过良好的高等教育。根据调查,28.7%的正高级人才表示导师在当时未取得重要荣誉,而这一比例在副高级人才中上升至54.7%,说明求学时期的导师在气象科技人才成长中发挥着重要作用。

(二)孕育期(23~30岁)

孕育期,科技人才通过提高其各项素质获得独立承担工作任务的机会。气象科技人才平均在23岁左右参加工作。调查对象首次自主申请课题的年龄在30岁达到最高峰,首次发表核心论文(索引论文)的平均年龄为33岁。博士后与访问学者研究是科技人才了解并参与国内外研究前沿动态的主要方式,被调查者中仅有6.7%的人具有博士后或访问学者经历。

(三)成长期(31~35岁)

成长期,人才成长的最关键时期。结合自身成长经历,科技人才认为自身思维最活跃、最具创造性的年龄阶段是30~35岁(45.5%),他们认为其职业发展中最关键

时期是中级职称到副高级职称期间(57.3%)。这期间的创造力迸发与积累对于个人成长至关重要。经过一定实践锻炼,项目和论文数量有一定积累,业务和科研能力有较大提升,很多人在这一阶段取得副高级职称。

(四)成熟期(36~40岁)

成熟期,人才创新迸发高峰时期。经过统计,受访者发表论文数量在此阶段达到高峰。40岁左右是其成就最高时期,这意味着其从开始参加工作到创新能力迸发需要15~20年。

(五)全盛期(41~45岁)

全盛期,科技人才在团队中成长为中坚力量,带领团队攻坚克难。这个阶段科技人才综合能力发展程度接近极限,研究工作与成果为同行所认可。高层次科技人才在获取成就的同时,一个更加突出的任务在于培养新人与带领学科发展。有研究统计,我国有3/4的院士担任社会行政职务,通过对气象正高级人才进行分析,近2/3的人同时担任行政职务。其中,担任正处级以上职务的占正高级人才总数的近一半。

经历人才成长的全盛时期后,部分气象科技人才的创新能力、持续学习能力以及自我实现的动力跟前一阶段比会稍显不足,创新性成果一般也会逐渐减少。也有部分人才仍保持持续的成长性,这些往往是未来事业发展的领军人才。

三、气象科技人才成长需求调查分析

(一)不同成长阶段人才需求存在明显差异

将气象科技人才成长需求划分为"个人成长""个人成就""工作条件保障""生活条件保障"4个类别23个子项目。在调查中发现,调查对象对自身成长需求认识清晰。总体来看,气象科技人才第一位成长需求为"个人成就",其次依次为"个人成长""工作条件保障"和"生活条件保障"。但不同成长阶段和不同职称层次人才需求是有所侧重的。

(二)青年人才对成长激励需求最为强烈

根据调查,31~40岁青年人才成长激励需求最为强烈,尤其是个人成长和个人成就需求在各年龄段中所占最高。通过进一步具体调查分析,青年人才更倾向于获得更多教育培训机会、得到方向性指导或经验传授、独立主持项目的机会、较高水平的工资待遇等个人成长和生活条件保障。

(三)高层次人才较注重个人成就和工作条件保障

正高级人才普遍较注重个人成就和工作条件上的激励。他们更期望业务或研究取得突破性进展、能够有自主支配的科研时间、独立主持具有挑战性的科研项目(课题)、获得科技成果奖励、配备充足的科研辅助力量等。

(四)生活条件保障需求随着年龄的增长而逐渐降低

在不同年龄段成长需求中,生活条件保障随着年龄的增长所占比重呈现逐渐降低的趋势,具体包括较高的工资待遇水平、获得与实绩贡献相匹配的绩效奖励工资、单位提供政策性保障住房或周转住房、协助解决子女入学等。

四、气象科技人才成长问题分析

(一)气象科技人才思维相对保守,在抗压性和适应性方面需要调整和培养

技术研发综合测评结果显示,气象科技工作者敏锐学习分数相对较低,说明其对于新知识的好奇心与开放性、持续学习与批判性不足。GPI个性测评显示气象科技人才思维相对保守,考虑问题比较依赖经验,缺乏一定的批判性与前瞻性思维。此外,他们在情感适应维度分数较低,即情绪控制和适应性较差。

(二)人才成长地区间不平衡,中部人才成长相对缓慢,西部人发展后劲不足

通过分析正高级人才成长路径,国家级直属单位和东部地区都处于绝对优势。相比其他区域,中部地区人才成长相对较慢。我们将40岁以下正高、32岁以下副高、40岁以下博士和人才海外培养数据进行了区域分布统计,发现东部地区每个省级单位的平均值为41人,而西部地区青年人才培养的平均人数仅为13人,说明虽然近年来实施了各项倾斜政策加强对西部地区人才的引进和培养,但西部地区青年后备人才培养问题还未得到根本解决。通过对气象正高级人才的出生地、本科院校、参加工作单位、现单位所在地进行分析,发现人才从中、西部地区向东部沿海地区流动趋势较明显,中西部地区在人才留用方面也需加强。

(三)科技人才作用发挥有待进一步激发

受访者在取得工作成就上具有较强烈的愿望(占74.6%)。但仅有半数的人认为自身才干发挥了60%以上,甚至有15%的人认为自身才干发挥不足40%,说明科技人才的才能有待激发。调查中发现,科技人才选择气象行业的职业发展动机依次是服从国家工作分配、偶然机遇、个人兴趣,说明气象行业在人才引进方面的影响力有待提高。

(四)忽视人才培养的连贯性,缺乏针对不同成长阶段的激励措施

调查影响人才发挥作用的因素,发现现有人才培养对于不同发展阶段的人才引导和激励的针对性不强,忽略了原本应遵循的成长规律。受访者中53.2%认为缺少中长期人才培养规划,认为忽视了人才培养连贯性的占40.6%,认为人才培养缺少个性化设计的占36.8%。人才评价方面,气象科技人才反映问题较多的首先是分类评审机制需进一步完善(44.4%),其次是评价内容与业绩贡献联系不够紧密(37.7%)。此外,收入待遇偏低、对外学习交流机会较少也是大家反映较集中的问题。

五、加强和改进科技人才培养的相关建议

(一)结合人才成长规律实行差异化激励措施

建立分阶段人才培养机制。加强对人才成长规律的总结和研究,准确把握不同阶段人才特点和需求,根据人才成长的 5 个不同阶段,采用分段培育方法,在盘点整体业务布局、人员结构的基础上,制定人才全程培养计划。

拓宽优秀青年人才成长空间。对于孕育期和成长期的青年科技人才,应在个人成长方面给予支持。加强教育培训,提供更多赴海内外知名科研机构进修机会;在政策允许范围内适当提高工资水平;加强职业引导和帮助,聘请入选气象部门高层次人才队伍专家担任青年人才成长导师;结合团队培养、多岗位交流锻炼等方式助其成长。

加强高层次人才支持力度。高层次人才注重个人成就和工作条件上的激励,要为其创造良好的科研条件,配备充足的科研力量,赋予更多支配权和技术路线决策权,使其能够独立主持具有探索性和挑战性的科研课题。绩效奖励分配应充分体现实际贡献。

(二)探索建立符合不同成长阶段人才特点的考评体系

建立气象人才成长调查评估机制。定期进行调查评估,及时、准确地掌握人才成长基本情况和人才成长需求,为优化人才培养机制提供依据和支撑。推进气象科技专家库建设,不断采集、融合各类科研活动信息,实现动态管理。

根据不同岗位人才的职责特点,分层次、分专业学科设置评价内容和评价方式。从专业背景来看,信息技术类专业人才相较于气象类及相关专业成才较慢;随着气象事业改革的不断深入和气象现代化发展要求,计算机、通信等专业人才发挥作用愈发凸显。从岗位角度看,目前的评价指标对于科研开发岗位会更有优势,需进一步加强改革力度。从人才层级和区域分布看,人才在地市级单位和中部地区成长相对较慢。他们没有明显的人才成长环境优势,又不像县级和西部能够享受到相关倾斜政策。制定评价体系时需注意平衡问题。

推动潜力素质评价与业绩考核相结合的评价方式。对于优秀青年科技人才,可以通过系统的人才测评体系,更加侧重潜力素质的考察。

(三)提高科技人才专业性和复合性

进一步深化局校合作。加强对高校和科研院所重点学科的支持力度;与高校合作建立以应用和创新为导向的课程体系;为促进学生快速完成职业角色转换,实行"双导师"制度,即高校导师+气象部门高级专家导师制。

加强国际交流。在人才培养与交流中具有国际视野,要充分利用国家政策,大力支持人才"走出去"。鼓励通过短期工作服务、任务项目制聘用等方式,柔性引进重点

人才。同时建立面向海外留学生或优秀人才的对接平台,加大留学生引进力度。

(四)营造良好的人才成长环境

创建良好的工作环境。在任务分配时注重发挥科研项目对业务的带动作用,注重调动基层科技人才的参与度。建立以创新绩效为主导的资源配置方式。

加大优秀科技人才舆论宣传。在工作中应深入挖掘优秀科技人才在推进气象科技创新等方面的先进事迹,不断提升他们的学术影响力和社会知名度。

关注人才职业心理健康。针对气象科技人才在情感适应、抗压力方面需调整的问题。应加强对科技人才的情感关怀,积极开展心理调适、丰富工会活动,积极营造爱才敬才用才的良好氛围。

福建省专业气象服务调研报告

蔡 菁　叶宾宾　武智君　高筱英　胡 恒

（福建省气象局）

福建省气象部门从20世纪80年代开始提供有偿专业气象服务。经过近40年的发展，逐步为农业、旅游、海洋、交通、能源、工程建筑、金融保险等行业领域提供专业化的气象保障服务，并向国民经济和社会发展各领域延伸，取得了一定的经济、社会效益，与此同时，专业气象服务不平衡不充分的问题依然突出，亟须分析当前福建省发展专业气象服务面临的形势和问题，结合福建省实际，围绕适应国家改革发展方向提出推动气象部门专业气象服务高质量发展的对策建议。

一、2017—2019年全省专业气象服务情况

（一）专业气象服务用户结构

通过对全省78个市、实验区和县区2017—2019年专业气象服务用户进行调查发现，综合用户数量和服务收入两方面的数据，首位的是政府部门用户，其次是企业公司类型用户。

政府部门用户可以分为政府用户和事业单位用户；政府用户购买气象服务基于一定的规划和政策支持，主要针对当地未来重点发展的方向和领域，涉及可行性规划、平台搭建、站网布设等多项内容，属于较难拓展但服务收益较大的用户类型。事业单位用户涉及交通、林业、自然资源、文旅等，该类用户选择的专业气象服务内容最为多样化，包括常规预报服务、数据资料、平台开发、硬件建设等，属于最为稳定的用户类型。

企业用户中电力、能源和施工建设行业是重点服务对象，该类用户对于气象服务的需求主要是预报预测预警和气象资料分析，属于易于拓展但服务难度较大的用户类型。

（二）专业气象服务收入

2017—2019年各市县气象服务年收入存在很大差异和波动。这三年，无气象服务收入的县区级气象部门数量占比分别为35.7%、42.9%和41.4%，气象服务年收入小于10万元的县区级气象部门比例分别为47.1%、40.0%和38.6%。

（三）专业气象服务人员岗位结构

全省气象服务单位有气象服务人员总计 376 人,除厦门、平潭、莆田外,其余各地区气象服务人员总数在 30～60 人,各市级、县级单位气象服务岗位人数在 0～10 人不等。各单位专业气象服务人员年龄大多都以中青年（小于 45 岁）为主。

（四）专业气象服务拓展方式

现阶段各单位、各地区专业气象服务拓展的主要模式是"有需求意向的用户""有咨询关注的用户"和"拓展专业气象服务",随着气象服务逐步趋于市场化和商业化,大多数单位开始通过"主动挖掘潜在用户"和"上门推广"的方式实现气象服务的拓展,已开展的服务中,通过"上级部门主持建议"和"无沟通的情况下公开投标中标"的方式取得项目的情况较少。

二、专业气象服务存在问题分析

（一）专业气象服务用户意见反馈

各单位在服务之后的跟踪、回访上都采取了积极的态度,不低于 90% 的单位能够做到"稳定的"或"不定期的"回访和服务跟踪。用户对于专业气象服务的意见和建议大多集中于"气象服务产品针对性、特色性不足""专业气象服务内容与网络信息重复度高"和"气象预报准确性不足"。对于服务价格、模式、种类和时效性的反馈和投诉明显少于上述三项。

（二）存在问题分析

1. 专业气象服务集约化水平不高,服务规模"小、低、散",业务布局亟待完善

从调研情况来看,专业气象服务发展主要矛盾是各个行业日益增长的气象服务需求与气象服务供给不足、核心技术缺乏、体系化、标准化建设薄弱的矛盾。专业气象服务需求日益增长,迫切要求专业气象服务提质增效,但发展形式上重外延扩张（创收压力）,发展水平停留在技术含量低、服务规模小、影响力弱、纵深渗透浅的层面。

影响当地专业气象服务拓展、升级的主要问题依次是"人员力量不足或队伍不稳定""当地服务能力、技术能力不足""缺乏激励政策支持"和"商务沟通经验不足"。

2. 专业气象服务核心能力不强,支撑水平亟待加强

目前专业气象服务产品的科技创新能力不够、新技术应用程度较低、面向不同行业领域的气象观测数据资源影响预报模式模型发展滞后等问题制约了核心能力的提升。产品提供及营销能力不足、以用户为中心,融入式发展水平不高、对服务对象的需求挖掘不够等情况均影响专业服务业务拓展及原有业务的持续发展。专业服务人才队伍支撑不足,专业气象服务人员的培养要综合商务、技术、业务等多个方面,高层

次专业气象服务人才普遍欠缺,基层工作人员工作任务繁重,一人多职、一岗多工的现象十分显著。

3. 专业气象服务激励机制不健全,发展动力不足

针对专业气象服务的利益分配、激励机制、管理考核机制、人才保障机制等需要进一步完善,事业单位专业气象服务的发展活力和积极性难以有效激发。

三、未来五年专业气象服务重点发展领域及政策支撑

全省各地市专业气象服务未来五年重点发展领域主要集中在农业(含海产养殖)、旅游、城市防汛防灾三大领域,围绕本地敏感产业,有相关的政策支撑或区域发展优势。

而全省各市县区气象服务单位研究型业务主要集中在九个方向,其中旅游和农业气象服务的关注度居于首位,前者与福建省"清新福建"的发展理念一致,后者为福建省打造农业气候优质产品和农业防灾减灾工作提供支撑。

四、专业气象服务发展建议及措施

(一)走集约化、规模化、品牌化发展道路

专业服务的需求差异大,分类推进专业气象服务发展是基础,提升专业气象服务质量是关键。以"业务集约化＋专家气象服务联盟"的发展模式为抓手,探索专业气象服务品牌化发展的道路,逐步形成服务需求、研究方向、业务服务三者深度融合的专业气象服务发展格局。

1. 分类推进优化专业气象服务业务布局

福建省专业气象服务的重点发展方向主要有两个方面,一方面是保障政府及相关组织履行公共服务职能所需要的水利、农业、旅游、地质灾害、林业、交通、海洋、海事、环保等公益性专业气象服务;另一方面是以保障企业和个人开展市场竞争所需要的能源(水电、国电、核电、风电)、航空、航海、设施农业、水产养殖、港口码头、海上运输、金融保险、商业等领域的专业气象服务和重大工程、项目的气候可行性论证等的市场化专业气象服务。针对这两类重点发展方向,分类制定专业气象服务发展方案,形成良好的专业气象服务业务布局。

2. 搭建省、市、县一体化专业气象服务平台

随着专业气象服务领域的拓宽、服务链的延伸,业务集约化发展成为必然趋势。加强专业气象服务顶层设计,推进多元数据融合、多种技术集成、适应多种传播介质的职能化专业气象服务平台建设。从根本上解决人力资源有限、服务繁多等问题。

(二)强化科技支撑,增强核心竞争力

原有专业气象服务能否保持以及新的专业气象服务能否拓展,需求的引领是关

键，专业服务的成效是基础。精准对接专业用户需求，推进专业气象服务从"传统型"向"现代型"转变。针对特殊行业制定"靶向"式服务方案，将智能网格预报技术、现代化通信技术融入服务内容，强化本地专业服务特色。针对福建省专业服务科技含量不高、深度不够、缺乏核心品牌和拳头产品等问题，解决专业气象服务基础支撑的薄弱环节是关键，建设重点领域专业气象服务联盟，改变目前面临难于发展的局面，扩大规模，创新机制，形成气象部门的整体优势。

1. 实施支撑专业气象服务的观测站网建设行动

面向农业、旅游、交通、生态、海洋等重点领域，根据不同的服务性质，分类推动专业气象观测能力建设。鼓励通过服务对象自建、合建或者基于服务收益的形式，提升以满足服务对象个性化需求的专业观测能力。

2. 建立健全专业气象服务业务化流程

建立健全专业气象服务业务化流程，一方面通过凝练优质专业气象服务产品，提升专业气象服务品牌影响力，另一方面通过专业气象服务类竞赛或评比等长效机制的建立，切实提升专业气象服务能力。

3. 构建需求-服务-评估-科研-服务的业务模态

注重服务效果跟踪检验评估，形成业务全流程的检验评估链，围绕研究型业务的开展，结合"一县一品"发展规划，强化科技成果在气象服务中的转化应用，建立科研服务为业务的发展模式，完善专业气象服务业务的评估体系建设，开展评估方法研究，形成服务-评估-服务良性循环的气象科研发展链。

4. 发挥专家气象服务联盟和特色农业气象服务中心引领示范作用

依托专家气象服务联盟和特色农业气象服务中心建设，解决目前专业气象服务小而散的局面，分别从旅游、海洋、智慧城市三个方向形成专业气象服务发展的合力，打造专家团队，实现省、市、县协同发展；在纵向联动层面上打通地域限制，整合省、市、县三级的专家资源，分类别建设专业气象服务专家库。打造若干支紧扣需求、特色鲜明、技术领先、竞争力强的专业气象服务团队，树立一批专业气象服务示范典型，发挥专业气象服务的"头雁"科技引领与示范作用。

全省一半以上的市（县、区）气象局未来专业气象服务的重点发展方向是农业，这与福建省发展乡村振兴战略，努力提高福建省农业气象灾害监测预报预警服务水平的需求相契合。在推进农业气象专业服务方面，一是要以热带水果气象服务中心的建设为契机，提高特色农产品优势区建设，推进"一市为主、多市参与、局市联动"的特色农业气象服务中心建设；二是要围绕建设目标，健全完善中心建设运行管理机制，建立人才培育、引进、激励机制；三是要积极发挥三个省级农业服务中心的引领能力和辐射作用，形成各具特色、优势互补的农业气象发展新局面。其他市、县级气象局或相关部门机构作为三个中心的成员单位参与中心建设，实现资源共享、优势互补，形成"内联动，外融入"的业务发展格局。

(三)健全专业气象服务发展保障机制

1. 专业气象服务科研立项支持

加强专业气象服务专项科研立项支持,加大专业气象服务科研项目投入,牵头组织制定专业气象服务科技研发项目年度指南,每年安排专项科研资金用于专业气象服务关键技术研发。健全科研考核体系,保障基层专业气象服务人员集中开展科研工作的时间的同时强化科研成果汇报,促进科研成果的转化应用。

2. 专业气象服务人才队伍建设

在人才培养保障机制、培养方式等多措并举,在专业气象服务人才发现、培养、使用、评价、激励全链条上,集中打造激励气象人才创新发展的立体政策体系。

综合各省、市、县目前专业气象服务人员情况的调研及问题反馈,在人才队伍的建设方面,一是强化高技术人员的参与和带领作用,充分发挥高级工程师的技术能力和工作经验,对于专业气象服务技术的提升、研究型业务的塑造、服务项目的拓展、服务质量和效果的管理、青年人员的培养等起到更多引领、带头、监督和保障作用;二是强化对青年人员的培养工作,提升其技术能力、业务能力和商务沟通能力,为未来专业气象服务的持续发展培养新的中坚力量;三是加强如省市单位的合作交流,市县级部门寻找自身长处,借助省级部门优势,通过省市县联动服务,做到分工合作、共同服务、同步提升。

3. 专业气象服务激励机制

落实中国气象局和福建省人民政府成果转化相关鼓励政策,完善科技成果转化机制,畅通成果转化渠道,以多种方式激励科技成果在专业气象服务中的应用。建立以激励约束机制为核心,以业绩为导向,体现社会效益和经济效益的岗位绩效收入分配办法,加大对专业气象服务做出突出贡献人员的激励力度。

一是充分发挥气象事业单位在公益性专业气象服务的主体作用,建立公益性专业气象服务政府购买服务机制。保障政府及相关组织履行公共服务职能所需要的公益性专业气象服务,以二类气象事业单位提供为主,通过政府购买服务配置所需资源。制定和完善气象部门服务保障国家重大战略有关政府购买服务的指导意见,面向"一带一路"建设、生态文明建设、军民融合、乡村振兴等国家重大战略,形成专业气象服务政府购买机制;各省级气象部门围绕区域发展战略和本地特色需求,明确专业气象服务重点领域,推动相关专业气象服务纳入本地政府购买服务清单。

二是充分发挥国有专业气象服务企业在市场竞争中的主体作用。市场化专业气象服务由国有专业气象服务企业提供为主,坚持效益导向,打破属地原则,引入现代企业管理制度,充分发挥市场在专业气象服务资源配置中的决定性作用。鼓励国有专业气象服务企业在开展市场竞争基础上,通过政府购买服务、成本补偿等方式参与公益性专业气象服务。清理国有专业气象服务僵尸企业。

发挥气象防灾减灾救灾"第一道防线"作用的实现路径研究

苗长明

（浙江省气象局）

党的十八大以来，习近平总书记针对防灾减灾救灾作出一系列重要指示，提出"两个坚持、三个转变"防灾减灾救灾新理念。2019年，习近平总书记在新中国气象事业70周年时对气象工作作出重要指示，指出气象工作关系生命安全、生产发展、生活富裕、生态良好，要求发挥气象防灾减灾"第一道防线"作用。

当前，浙江省开启全面创建"第一道防线示范省"建设，调研组聚焦定位、职责、作用发挥等关键点，围绕如何通过提高气象监测预报预警能力和深化基层防灾减灾体系建设，履行"第一道防线"职责等问题，先后到湖州、衢州、嘉兴、台州等市、县实地调研走访，通过召开部门内外座谈会、实地调研气象服务对象、考察基层气象防灾减灾救灾运行情况等，开展专题研究，探讨相关问题和解决措施。

一、气象部门履行"第一道防线"职责面临新形势和新要求

（一）极端天气气候事件频发趋势带来的新挑战

随着全球气候变化，近几年浙江省极端天气事件频发，呈现突发性、极端性、多样性等特点。据气象资料分析，近年影响浙江省的台风呈偏多偏重趋势，梅汛期雨量也正在经历从少到多的变化趋势，局地短时强降雨、冰雹、雷电等强对流天气影响加重，由此带来的对经济社会发展和人民生命财产安全的风险也越来越大。浙江"七山二水一分田"的自然地理环境造就了复杂的孕灾环境；同时，作为东部沿海经济发达省份，浙江经济社会发展的同时，抵御自然灾害的风险也在增加。面对复杂天气气候和灾害性天气情势，对标监测精密、预报精准、服务精细的工作要求，气象部门履行"第一道防线"职责面临新的挑战。

（二）防汛防台体制机制改革发展提出新要求

按照中央关于推进防灾减灾救灾体制机制改革的意见，浙江省政府不断深化推进防汛防台体制机制改革。新一轮机构改革后，"大减灾""大应急"工作格局逐渐形成，气象与水利、自然资源、建设、农业农村、文化和旅游等涉灾部门在气象灾害防御工作协同上愈加紧密，对工作联动和服务的要求越来越高。2019年超强台风"利奇

马"过后,浙江省政府组织应急、气象、水利、自然资源等部门联合开展了"利奇马"台风复盘和专题调研。在此基础上,省政府提出加快实现自然灾害应急指挥和救援数字化协同的工作要求。2020年4月,省政府印发《关于进一步加强防汛防台工作的若干意见》,全面提升台风洪涝灾害科学防控能力。按照中央关于推进防灾减灾救灾体制机制改革的意见,浙江省不断深化推进防汛防台体制机制改革,加快建立与浙江"两个高水平"发展目标相适应的防汛防台体系,找准气象在防灾减灾救灾"第一道防线"中的定位、职责和作用,积极融入应急管理体系和自然灾害防治体系,对浙江省气象防灾减灾工作提出了新的要求。

(三)信息化技术快速发展提供新机遇

当前,物联网、云计算、大数据、人工智能、5G通信等新技术的迅猛发展,以及气象领域核心技术自主创新能力不断提高,为气象防灾减灾发展开辟了广阔空间。信息技术正成为推动气象防灾减灾发展的强大动力,新技术为气象业务合理布局、服务结构不断优化、智慧气象深入发展提供了新动能。这将助推气象部门深入研究,把新技术转化为新的产品、新的服务,使之成为气象部门提高服务保障"四生",履行"第一道防线"职责的有力支撑。

二、浙江气象部门的探索和实践

近年来,浙江省气象部门认真学习贯彻习近平总书记对气象工作重要指示和在浙考察重要讲话精神,扎实落实中国气象局与浙江省人民政府《关于共同推进高水平气象现代化和防灾减灾救灾"第一道防线"示范省建设合作协议》,参与浙江防汛防台体制机制改革,探索"第一道防线"履职的举措和抓手,气象防灾减灾"第一道防线"的作用初步发挥。

(一)强化气象监测预报服务能力提升

初步形成了精细化、数字化、网格化监测预报体系。全省自动气象站达到2482个,站网间距缩小到6.9千米,形成了由10部新一代天气雷达和9部风廓线雷达组成的雷达观测网;形成了由148个海岛气象观测站、17个浮标站(共享15个)构成的海洋气象观测网;形成了由246个大气环境气象站(共享173个)、23个负氧离子站构成的生态环境气象观测网,实现对重点区域主要气象灾害的全天候、高时空分辨率、高精度的综合立体连续监测。基本建立了从分钟到年的无缝隙精细化气象预报业务,提升了灾害性天气预报能力,提高了气象灾害预见期。基本建立了0~15天智能网格预报产品体系,产品水平分辨率达到5千米。建立了短时临近强天气预警、海洋气象、环境气象、中小河流和地质灾害气象风险分析等业务。

(二)主动融入浙江防汛防台体制机制改革

落实省政府《关于进一步加强防汛防台工作的若干意见》要求,主动参与浙江省防汛防台体制机制改革,强化面向防汛决策指挥调度的气象保障服务。一是通过与应急管理、水利、自然资源等部门签订合作协议或备忘录等形式,建立完善部门数据共享机制。依托省大数据局数据平台,实现气象、水文等实时观测、预报数据和隐患基础数据充分共享,为决策气象预报产品、涉灾风险预警产品的制作、加工、供给提供坚实基础。二是强化决策服务产品供给,建立暴雨致灾风险图业务,通过省防指自然灾害风险防控和救援平台发布服务,为各部门灾害风险识别提供重要依据;梅汛期期间,通过水利部门共享的流域、水库基础数据,研发流域和水库集雨区面雨量实况和预报产品,满足流域调度防汛需求。三是依托"浙江省气象防灾减灾服务平台",气象决策服务成为省防指数字化指挥中心应用场景,随时调取防汛指挥所需气象数据和信息,为指挥决策提供实时现场保障;针对性的气象信息和产品融入防汛防台风险识别研判、管控行动、应急处置、灾后救援、总结评估各个环节,提供"全链条"服务。

(三)强化气象灾害预警服务和工作规范化

一是编制暴雨灾害应急工作指南,从应急准备、监测预报、风险预警、应急处置、后续程序五个环节对各级各部门,特别是县、乡政府和有关部门应对暴雨灾害的工作进行规范。二是规范预警信息统一发布业务。2020年,省减灾委先后印发《自然灾害综合预警信息发布制度(试行)》和《关于建立健全自然灾害监测预警制度的实施意见》,明确将省突发事件预警信息发布系统作为关键发布端口。省气象局承建的省突发事件预警信息发布系统基本完成建设,实现全省市、县的部署应用。三是规范全省预警服务,省级和所有市、县建立重大气象灾害"叫应"等五项制度,预警服务发布、送达、叫应、评估等得到规范化提升。

(四)强化气象灾害风险管理

持续开展基层气象防灾减灾标准化建设,全省创建气象防灾减灾标准化村(社区)超30%。通过基层气象防灾减灾"六个一"基本能力建设的持续推进和"六个能力提升"行动,指导各市县建立暴雨灾害风险评估业务,构建以气象灾害预警信息为先导的社会应急响应机制。印发《浙江省气象灾害重点单位气象安全管理办法》,强化重点单位的灾前准备工作。开展农业气象灾害保险、民宿(农家乐)气象保险等工作,推动防灾关口前移。聚焦"三农",建立完善农村气象灾害防御体系和农业气象服务体系。

(五)以"网格+气象"深化气象防灾减灾体系建设

主动适应基层治理"网格化"管理发展,积极对接政法委,以"网格+气象"工作为抓手,推动气象工作深度融入社会综合治理体系,深化基层气象防灾减灾体系建设。通过部分市、县试点带动,抓住气象灾害预警信息传播处置这个关键点,通过气象预警、工作职责、科普培训、考核考评、经费保障五个方面"进网格",提高气象预警从发布到传播处置的联动效率,发挥网格在气象工作中的作用,强化基层应对气象灾害能力。

三、存在的问题

对标对表习近平总书记对气象工作的重要指示精神、新时代经济社会发展和人民群众美好生活的需求和气象强国发展目标,我们必须清醒地认识到,当前浙江省在扎实履行"第一道防线"职责过程中,服务能力、基层体系建设等方面仍然存在短板。

一是气象防灾减灾体制机制方面:面对党和国家机构改革、新的应急管理体制的建立,对气象防灾减灾工作的定位和职责认识存在不足。各类灾害信息共享和防灾减灾资源统筹不足,气象工作融入应急管理体系,发挥部门联动作用仍显不足,气象灾害综合防范应对的社会管理尚未充分发挥,协同防灾减灾救灾的格局尚未充分形成。

二是气象灾害监测预警方面:浙江省地面气象观测网密度不均、要素不齐。垂直气象探测的低空覆盖度不够。数据传输的时效性和传输频率已难以满足应用分析的需求。台风、暴雨、强对流等灾害性天气的预报准确率、精度和时效等方面仍有差距。

三是气象灾害预警作用有效发挥方面:大数据、云计算、5G通信等信息技术应用不充分,预警信息发布存在"大水漫灌"现象,无法满足快速、精准、靶向的发布要求。预警内容指导性不高。突发事件预警信息发布系统与社会各类发布和传播渠道有效接入不充分,实用性不强。

四是气象灾害风险防范方面:气象灾害风险普查和区划不到位,对孕灾环境、致灾因子及危险性、承灾体及暴露度和脆弱性等灾害风险要素信息掌握不清。缺乏全链条、多领域、规范化的综合风险数据。灾害风险评估和预警模型等核心技术仍不成熟。

四、气象防灾减灾救灾"第一道防线"实现路径的思考

发挥气象防灾减灾救灾"第一道防线"作用,需要我们主动融入,从找准定位、提升能力、优化服务、完善机制四个方面着手。

(一)找准定位,明确气象防灾减灾救灾"第一道防线"的职责和任务

做好新形势气象防灾减灾救灾工作,需要浙江省气象部门坚持以人民为中心的发展思想,牢固树立和贯彻落实新发展理念,找准气象部门定位,明确气象在防灾减灾救灾的发力点,充分发挥气象在综合防灾减灾救灾中的监测预报先导作用、预警发布枢纽作用、风险管理支撑作用、应急救援保障作用、统筹管理职能作用。

(二)提升能力,以业务技术体制改革为推动强化气象监测预报预警

构建与新时期防灾减灾救灾工作格局相适应的气象业务技术体制,以监测精密、预报精准、服务精细为目标,强化气象基础业务能力。提高气象全要素高时空分辨率

获取能力,实现对主要气象灾害的全天候、高时空分辨率、高精度的综合立体连续监测能力。提高气象全要素预报预测水平和灾害性天气预报精准度,延长气象灾害预见期。开展气象灾害致灾机理研究,研发定量化气象灾害风险评估模型和评估技术,发展基于影响的气象预警业务。完善基于智能网格预报和致灾临界阈值的气象灾害风险预警业务。强化预警、预警信号、临灾警报相互补充,实现气象灾害精准预警。

(三)优化服务,加强气象服务供给

要提高针对性气象服务产品供给,以满足防汛需求、行业发展、公众期待为目标,加强各类气象服务产品的加工制作能力,研发面向应用的气象服务产品;要加强气象服务的数字化、网格化水平,依托智能网格预报技术发展,充分利用新技术手段,丰富气象服务产品的展现形式、供给方式,适应新媒体和政府数字化转型"掌上办公"的新需求;要强化预警信息等关键气象信息的发布和传播,完善突发事件预警信息发布体系,按照高质量发展气象现代化的要求,健全预警产品体系,强化分区分灾种预警服务;要建立重点部门协调联动的预警研判及发布机制,调动全媒体社会资源共同建设预警信息快速传播体系,建立气象灾害高级别预警信息发布"绿色通道";要适当延伸气象服务领域端口,更加注重灾前风险研判和灾后救援救济服务,研发相应服务产品,融入灾害防御全链条开展服务。

(四)完善机制,深化多部门协同的防灾减灾体系建设

积极融入应急管理体系和自然灾害防治体系,完善气象防灾减灾救灾统筹协调机制,建立以气象灾害预警信号为先导的、快速响应、高效联动的灾害防范应对机制,完善多部门信息共享、联合会商、联合发布等机制。完善社会力量和市场参与机制,建立"网络化""数字化"气象防灾减灾公众参与平台。将气象防灾减灾工作融入基层网格化治理体系,推进气象信息员、网格管理员"多员合一"。

山东市县气象部门纪检工作现状与思考

张劭魁 徐法彬 李海腾 杜占军 王如玉 张莉 黄立东 成超

(山东省气象局)

随着全面从严治党的不断深入和反腐败工作的持续推进,党中央对纪检监察工作也提出了新要求,中央纪委四次全会更是提出了"建设高素质专业化纪检监察干部队伍,推动新时代纪检监察工作高质量发展"的明确要求。为做好山东省气象部门的纪检监察工作,山东省气象局党组先后制定了一系列制度措施,对提升基层气象部门纪检监察工作质量发挥了较好作用。但随着近年气象部门改革发展不断深化,基层气象部门纪检监察工作在组织建设、运行机制、责任落实、队伍素质等方面与党中央和上级要求及当前的实际需求呈现出更为突出的不相适应性。探索如何加强和改进新时代基层气象部门纪检监察工作,为新形势下气象事业的发展提供更加有力的政治保障显得十分紧迫和必要。为此,针对如何做好山东基层气象部门纪检监察工作,进行了调研分析思考。

一、资料来源与调查方式方法

采用实地调研和书面调查、查阅资料相结合的方式进行。实地到淄博、德州、东营、烟台、威海等市局及所属部分县局,与相关领导、纪检人员座谈,了解所在单位纪检人员配备和纪检工作开展情况,查看部分市县局党组会议记录、"三人决策"会议记录、班子分工文件、单位内控管理制度等资料,了解单位工作机制运行情况。下发调查表,统计分析全省各市县局站领导班子、纪检人员配备、岗位职责制定等情况。查阅统计2016年以来省局纪检组收到的信访件及核实处理情况,2013年以来全省气象部门受到组织处理、党纪(政务)处分人员情况。

二、市县气象纪检工作基本情况调研统计分析

(一)信访、案件分布与风险分析

1. 信访情况分析

2016年以来收到信访件中,反映问题主要集中在:涉及干部人事相关问题占40%(干部晋级担任20%、招聘录用人员11%、其他9%),涉及财务问题占18%(项目11%,其他7%),涉及八项规定问题占10%,涉及防雷监管、检测等问题占9%,其

他占23%。从每年信访事件数量看,2016年、2017年、2020年相对较多,2018年、2019年相对较少。虽经核查后信访属实和部分属实的不到15%,但反映出了职工对各项工作的关注点中,干部提任(用人、进人)、项目管理、八项规定、防雷检测等较为集中。

2. 受到组织处理人员情况分析

2013—2020年10月,市、县局受到组织处理人员中市局占21.9%、县局占78.1%;市、县局受到党纪、政务处分人员中市局占24%,县局占76%;市、县违反刑法被判处刑罚共5人,其中市局1人、县局4人。组织处理和违规违纪人员中县局站领导占比较大。违规违纪事项主要集中在违规津补贴福利发放、违规使用办公用房、违规公务接待、酒后驾驶、违反工作纪律等。

3. 主要风险点

从信访线索查实和组织处理情况看,项目管理、工作纪律、公务用车、公务接待、福利发放等方面是高风险点。

(二)市县局领导班子与纪检机构设置、人员配备情况分析

近年省局通过出台一系列激励干部人才队伍成长的政策措施,提出了在县局站配备纪检员和廉政监督员的要求,队伍整体素质得到较大改善。但受各种因素的影响,干部队伍整体素质与工作要求存在较大差距,特别是基层领导班子、纪检队伍配备不到位,纪检干部素质不高的现象较为突出。

1. 市县局领导班子配备情况

截至2020年10月底的调查统计数据:多数市局领导班子配备到位,16个市局中,4个市局缺少1职,出现空缺时间相对较短。全省112个县(区、市)局站中,班子配备不齐的有74个,占比66%,其中仅有1位局领导的12个。较为突出的市局所辖县局班子仅1人的占一半以上。实地调研的几个市局:烟台11个县局站,8个班子配备不齐,4个未配备台长;德州10个县局站,6个班子不齐,4个无台长;淄博7个县局站,班子均配备不齐,4个局仅1位局领导,2个无台长;东营4个县局站,3个配备不齐;潍坊局9个县局站,7个班子配备不齐,其中2个局仅局长1人,3个无台长。班子不齐导致领导班子集体领导作用难以发挥,直接影响决策质量和有效的风险监督与防控。

2. 市县局纪检工作人员配备情况

市局除党组成员纪检组长外,多无专职纪检人员,一般由人事或党务人员兼职。部分县局纪检员配备不到位、不规范,全省112个县(区、市)气象局(站)中,3个县局未配备纪检员,30个县局(站)由局领导兼任,10个县局纪检员兼职科技服务、计划财务等"不相容"岗位。人员的专业知识结构、经历多与纪检岗位不匹配,存在不会监督、不敢监督的情况。机构和人员的不到位,人员专业知识的不足,缺少了工作开展

的基础和条件。

（三）纪检岗位职责和工作规则制定运行情况分析

1. 市局纪检工作岗位职责情况

市局纪检工作多参照省局制定了岗位职责，或通过党组分工明确了纪检组长分管工作，目前多数纪检组长除分管纪检工作外，还承担着本单位及所辖县局站交叉审计组织工作、主要负责人任期经济责任审计的协助工作，多数协助党组书记、局长分管党务、精神文明创建及巡察整改的组织协调等工作。因多数市局未设置纪检科室和专职纪检人员，纪检组长多为管干结合，部分市局由人事科协助办理，部分工作实际从组织协调变成了牵头负责。

2. 县局站纪检监察工作岗位职责情况

省局要求县级局站要配备纪检员（鲁气办法〔2008〕1号），但因无编制、岗位设置等，多数是兼职或没有配备到位，或虽有人员但实际没能真正发挥纪检监督作用。多数县局站没有制定纪检人员岗位职责，没有对纪检工作开展的内容、方式、程序进行规定，也没有明确的考核办法和评价机制，导致纪检员在实际工作中，履行纪检监督职责缺乏依据，开展工作缺乏可操作的方式方法，同级监督没有抓手，也没有对所做工作质量科学的评价办法，责权利不明确、不对等。基层纪检员开展工作缺少必要的依据和保障条件。

（四）市县纪检工作在实际工作中存在的突出问题分析

班子配备不齐，主体责任发挥不到位，决策质量不高，影响纪检监督作用的发挥，不能达到"两个责任"相互促进的目的。

纪检机构不健全，岗位人员配备不到位，缺乏纪检工作专业知识和处理问题的业务能力，监督人员队伍的素质不高，能力不足，不会监督和进行问题线索核查，影响工作质量和效率。

制度不健全，责权利不明确，导致纪检员不愿监督、不敢监督，监督作用虚化。

三、提升基层纪检工作质量的思考

（一）加强基层班子建设，发挥责任主体作用，为纪检监督工作提供有力保障

1. 加强市局纪检监督主责主业的聚焦

强化市局党组主体责任的落实，建立健全党风廉政建设和反腐败的领导体制和工作机制，提高对纪检工作的领导支持和督促力度。合理调整分配纪检组长分工，减少纪检工作主动和被动"越位"现象，更加聚焦主责主业。配备不少于1名的专职纪检工作人员和必要的接访、谈话询问等办公条件，保证日常信访件的依规依纪依法有序处理，同时提升对市县局班子的监督工作力度，提高对县局站纪检工作的领导能力。

2. 加快县局站领导班子建设

加强基层班子的配备,健全领导班子,科学组成"三人决策"机构。班子较为健全的县局,明确1名副局长或气象台台长分管负责纪检监察工作,提升监督效果和质量。强化主体责任履行,避免决策流于形式和通过集体决策将"集体负责"变成了"无人负责",减少风险发生。积极探索干部交流方式和配套政策,加强省、市年轻干部到基层挂职交流锻炼力度,缓解部分县局站班子青黄不接的状况,也为年轻干部增加基层历练、提升工作能力、更好成长创造条件。选优配齐领导班子为开展纪检监督工作营造良好环境条件。

(二)完善基层纪检监察组织体系和运行机制,为纪检监督工作开展提供基本条件

1. 建立完善与基层气象部门工作相适应的纪检组织体系和运行机制

加强市局纪检工作力量,有条件的市局配备1名纪检组副组长,专职负责纪检监察工作,协助落实纪检监督责任。建立市局对县局主体责任履行情况的监督机制,定期听取、督促各单位主体责任落实情况。构建市县局纪检工作协同机制,建立以市局为主导、统筹协调市县局纪检人员力量开展本级和县级信访线索、案件核查处理模式。

2. 明确县局站纪检人员工作重点

修订完善市县级局站配备纪检(监察)员的任职条件,及时配备到位,重点发挥其对县局班子及党员干部在遵守党规党纪、纠治四风、落实中央八项规定精神、"三重一大"决策等方面存在问题的监督,能够做到早发现、早提醒、早纠正,及时与市局汇报沟通有关风险隐患,防止小隐患演变成大问题,更好发挥日常监督作用。

3. 探索建立市县两级纪检工作考核评价机制

明确纪检员的责权利,探索市县局纪检工作由上一级纪检部门负责考核的机制,为基层纪检工作的开展提供政策依据和更好的保障条件,提高基层纪检员的责任感和积极性。

(三)强化制度建设和执行,确保纪检监督作用有效发挥

1. 完善制度机制,增强监督力度

总结市县局有效的纪检监督方式、方法,以制度的方式固定下来,强化制度的监督执行,破解同级监督难、不会监督、不愿监督、不敢监督的问题。县局站纪检员通过参加重大事项决策会、党组会(班子会)、列席民主生活会(组织生活会)、工程项目招投标等形式参与到重大事项的决策过程之中,有效发挥监督作用。

2. 加强风险研判,提高监督成效

省市局加强对高风险领域、关键人和岗位的风险分析,根据不同阶段、不同单位风险点的变化及时指导调整监督重点。现阶段市局要加强对本级班子选人用人、工程项目、资金支出等重大事项决策的监督,严格制度执行,降低不规范操作带来的风

险;加大公开力度,减少职工的猜测,接受干部职工监督。要加大对县局纪检工作日常监督的指导,重点对落实中央八项规定精神情况、财务管理、企业监管等方面进行监督,保证纪检员既能正确行使监督的权力,又不干扰班子的正常履职,共同营造基层局站风清气正的良好政治生态。

(四)加强政治和业务素质培训,增强风险意识和履职能力

1. 加强基层领导班子的素质能力培训

加强市县局领导班子的政治理论培训,提高政治责任、主体责任、第一责任人的责任意识,提高履行职责自觉性,同时也要进行人事、财务、工程、企业等政策性强、相对高风险区域的制度规定的培训,避免因不熟悉政策业务规定而导致错误决策的发生。

2. 加强纪检工作人员专业培训

加强市县纪检工作人员的实际操作层面的岗位培训,培训应聚焦新任务、新要求,聚焦新出现的风险点、隐患点,聚焦组织处理、巡察审计、信访核查等实操性比较强的工作规范、程序、方法技巧等内容。避免出现不会监督和盲目监督的情况。

3. 建立基层全员廉政学习制度

基层局站人员少,交叉兼职情况普遍,应将廉政教育和关键岗位相关业务规定的学习纳入到单位年度集体学习计划,提高全员知规定、守纪律意识,坚守纪律底线。

(五)加大巡察、审计成果应用,提高监督效果

1. 提高巡察、审计质量

省局要组织精干力量,实施好年度巡察、审计计划,坚持问题导向,精准发现市县局存在的主要问题,为精准监督提供有力支撑。

2. 压实巡察、审计整改主体责任和监督责任

市县局总体纪检监督工作人员少、力量薄弱,要抓住问题重点,实施精准监督。在加强对重大工程项目、重点领域、关键岗位监督的同时,充分运用好省局巡察、审计等成果,以审计、巡察、日常专项检查等发现的问题为切入点,加大对问题整改主体责任落实情况的监督和问题线索的处理,实现监督有的放矢,努力提高监督质效。

(六)加强与地方纪检监察部门的沟通联系,提高协同工作能力

与当地纪检监察部门互通信息,及时了解本地区的风险隐患和纪检工作的重点,准确把握和执行相关政策,协调处理与本部门相关的问题线索和处置方式。积极参加地方部门组织的相关纪检监察工作培训学习,弥补部门培训力量的不足,不断提高基层纪检人员的业务素质和水平。

气象部门高层次人才队伍建设情况调研报告

张 健 刘 蕊 刘 艺 何瑜昀 林 巧 乐 青

（中国气象局人才交流中心）

近年来，气象部门高层次人才队伍建设取得明显成效，但与气象现代化建设和事业高质量发展的需求存在很大的差距。为深入了解高层次人才队伍发展情况及存在问题，以副高级及以上职称人才为研究对象，设计调查问卷，从人才培养、评价激励、岗位流动、创新能力等多角度面向全国各级气象部门开展广泛调研，共收回有效问卷1217份，其中副高级1114份，正高级103份，样本与整个高层次人才的数量、结构、特征相近，具有较好的代表性。

2019年年底，气象部门编内人员总数51863人，高层次人才为11683人，数量占编内人员人数的22.5%。当前，千人计划和特聘专家13人，万人计划专家4人，国家百千万人才工程12人，政府特贴专家在职57人。高层次科技创新人才入选221人，其中杰出人才8人，领军人才37人，首席气象专家101人，青年英才53人，西部和东北优青22人。

一、气象部门高层次人才队伍情况

（一）高层次人才总量持续增长

气象部门高层次人才队伍持续壮大，2015—2019年高层次人才数量增长率29.8%，年均增长5.9%。其中，正高级人才增速很快，年均11.8%。尽管副高级与正高级职称人员数量比从2015年11.8降至2019年9.5，但由于副高级人才基数过大，成长为正高级职称的人才难度逐年增加。

（二）高层次人才逐步年轻化

2015—2019年正高级职称人才队伍中，年龄在41~45岁的人才增长率最高，且2018年首次出现35岁以下的正高级职称人才。2019年副高级职称人才队伍中，年龄在40岁以下的人才数量增长迅速，其中，36~40岁的人才数量出现近五年来的第一个峰值，占比21.15%，越来越多的青年人才进入高层次人才队伍。

（三）高层次人才学历显著提升

2015—2019年的高层次人才研究生学历人员比例由24.4%增长至28.1%，其中，正高级职称人才研究生学历人员比例近五年均维持在59%左右，副高级职称人才学历结构中,研究生学历人员比例由21.4%增长至25.0%。

(四)高层次人才岗位分布不均

正高职称人才在气象预报和科研开发岗位人数最多,分别占比32.2%和30.0%,气象信息技术岗位人数在2019年有所收缩。副高职称人才在气象服务岗位上的人数最多,占比27.7%;其次是气象预报岗位,占比24.8%。县级综合气象业务岗位自2013年年底设置以来增长迅速,目前占比12.6%,但仍然难以满足每个县局至少1个高级岗位的需求。

(五)高层次人才地域分布趋于均衡

2015—2019年高层次人才在中部地区增长最多,占比由4.4%增至7.0%;在中国气象局直属单位的增长最少,占比由2.2%增至2.7%。正高职称人员在直属单位与东、中、西部地区的正高职称人员分布逐步均衡,结构比由3.1∶2∶1∶1.5变为1.8∶1.4∶1∶1.1。副高职称人员主要集中在东部和中部地区,占比分别为17.5%和52.9%。

(六)层级分布变化存在差异

2015—2019年高层次人才在国家级、省级、地市级和县级单位的数量均有较大增长,分别增长344人、1018人、861人和746人。正高级职称人才主要集中在国家级和省级单位;地市级和县级单位的正高级职称人员较少,到2019年增至55人,但地市级单位正高职称人数增长率最高,达189.5%。副高级职称人才主要集中在省级和地市级单位,五年来增幅分别为22.5%和30.0%,占比均达到8%左右;县级单位副高职称人数从2015年817人到2019年1560人,增长了90.9%,但离县级高级岗位需求仍有较大缺口。

二、气象部门高层次人才队伍发展的主要问题

(一)高层次人才数量结构待优化

一是近年来气象高层次人才总量增加大,增速快,但规模仍不足。高层次人才占编内总人数约1/5,引领型人才数量不多,副高级以上的中青年高层次人才"海拔不高",难以满足气象事业快速发展的需求。二是知识结构及水平有待进一步提高。高层次人才的学历逐年上涨,专业背景越来越集中在与气象紧密相关的大气科学、地球科学及其他、信息技术等专业,高水平、复合型、综合性科技人才仍显欠缺。三是区域分布不平衡。高层次人才主要分布于东中部经济发达地区,县级正高职称人员主要分布在藏区,说明人才政策对艰苦地区有所倾斜,但惠及区域仍有限。

(二)高层次人才培养力度待加强

在培养计划方面,仅41.1%的受访者认为单位人才培养计划比较健全,且对人

才培养计划认可度较高的主要为年龄较大、职称较高的人员。而副高级职称受访者中有60.1%认为单位人才培养计划流于形式，没有或根本不了解单位人才培养计划。在教育培训方面，76.3%的受访者表示对于培训安排总体满意，但对培训仍有较大需求，其中，国家级单位的受访者对培训的需求最为迫切。86.5%的受访者希望参加气象技能培训，51.8%的受访者希望参加管理类知识和技能培训，47.1%的受访者希望参加国际交流培训，34.8%的受访者希望参加学历继续教育，33.2%的受访者希望参加人际关系及沟通技术培训。

调研结果显示，一是用人单位对人才培养计划的政策执行和宣传不到位，且缺乏对人才培养计划实施效果的评估，尤其对青年高层次人才的关注度不够、培养力度不足，难以满足其成长发展的需求。二是针对高层次人才不同学历背景、发展阶段、岗位情况等因素开展差异性的培训不足。受访者对气象技能培训需求旺盛外，随着学历和职称的增长，对国际交流培训的需求越来越强烈，本科学历和具有副高级职称的高层次人才对管理类知识和技能的培训意愿较为强烈，尤其年龄在41～45岁的中坚骨干力量对管理类知识和人际关系沟通技能的培训需求非常迫切。

（三）高层次人才选用机制待完善

经调查，69%的受访者对人才选拔制度、岗位考核制度和人才评价指标基本认同，不同岗位受访者的满意度存在差异，教育培训类岗位受访者对人才选拔的满意度较高(77.0%)，气象观测与技术保障岗的受访者对岗位聘任满意度较高(75.4%)，科研开发岗的受访者对人才选拔、岗位考核、人才评价的满意度均最低（分别为61.6%、61.6%、63.2%）。同时，学历越高对三者的满意度越低，博士学位的受访者满意度分别为62.1%、70.2%和69.4%。

受访者一致认为，岗位交流是高层次人才发展的重要路径，但27.4%的受访者认为，单位的岗位交流制度不太合理，岗位交流力度不够大，容易出现激情消退、思维定式等现象，61.79%的受访者希望进行换岗、挂职、轮训等方式的岗位交流，多数人希望上下级单位或部门内外挂职或有计划地进行交流轮岗。

调查结果表明，一是随着气象事业的高质量发展，高层次人才科研能力越来越受重视。新形势下沿用传统的人才选拔、考核聘任等人才评价方式显得不合时宜。传统的工作方法比较单一，人才评价的指标比较笼统，通常采用总分排名结合统一票的方式进行评价，人才评价主观性较大。二是人才评价中存在论资排辈、平衡照顾、求全责备的现象，一定程度影响评价的公正性。三是高层次人才的岗位交流相对困难，存在的信息不对称的问题，挂职轮岗的机会不足，同时气象部门对气象行业高层次人才的供给情况也不充足掌握不完全把握。

（四）高层次人才创新能力受制约

在创新能力发挥方面，仅有18.2%的受访者认为自己的才干发挥了80%以上，而在14.8%的人看来才干发挥不足40%。调查显示,所在单位处于省级和县级的人才更容易发挥才干;另一方面,从事气象信息技术和综合气象的岗位中,具有副高级职称的人才在创新才干发挥程度远低具有正高级职称的人才;与此同时,存在学历越高才干发挥越不足的现象,博士研究生普遍认为自身才干只发挥了60%及以下。

在影响因素方面,受访者认为,影响个人成长的主要因素依次为:关键岗位锤炼、参与项目的经历、业务技能培训、一线工作经历、人才发展政策、个人努力等方面。影响创新能力发挥的最主要因素依次为:工作模式、参与的科研项目、资金支持、学习交流平台、软硬件环境。除此之外,通过调研受访者对自身所处的业务平台建设和软、硬件环境的满意程度,发现约30%的人员对此不满意。

(五)高层次人才激励效果不明显

在薪酬激励方面,36.8%受访者对当前自己的薪酬待遇不满意,65.6%的受访者认为薪酬待遇激励作用不明显。从岗位的分类看,管理岗位的受访者对薪酬待遇满意度最高,为73.0%,双肩挑的受访者对薪酬待遇的满意度较低,为59.2%,专业技术岗位的人员中天气预报、科研开发、气象教育培训认为薪酬待遇偏低,激励作用尤为不足。薪酬激励不足严重影响人才队伍的稳定,47.9%的受访者希望有机会调整岗位,他们认为影响岗位调整的最主要因素依次是薪酬待遇、人才激励政策、社会服务完善和经济发展水平。

调查结果发现,一是受体制机制影响,绩效考核体系制度与方法不够完善,尚没有建立相对合理的考核指标体制,薪酬激励作用不显著,竞争力不足,尤其科研管理岗有72.6%的受访者认为激励作用难体现,常常引起工作干劲不足,态度消极怠慢的情况。二是对人才的科研奖励力度较小,成果转化政策执行措施不足。在高层次人才成功申报国家重大科研项目后,所给予的配套奖励资金较少,对激励专业技术人才积极从事科研的作用有限。

三、推进气象高层次人才发展的建议

(一)实施人才创新发展战略,打造高层次人才发展平台

制定科学的高层次人才体系框架,完善不同层次高层次人才发展的政策体系,鼓励出台或执行地方性政策文件,扩大高层次人才选拔,鼓励培养青年优秀人才,不断优化人才梯队及结构,形成领军人才、骨干人才、潜力人才等衔接有序的高层次人才梯队。加强高层次人才建设工作的考核评估,保障做好选拔、培养、引进、评价和使用方面的管理工作。

加强人才培养平台建设。依托科技人才海外培养项目,加大实施气象人才海外培养力度,为青年人才提供国际学习交流平台。深入开展局校合作,加强与相关高校和科研院所合作,强化相互间的联系,促进优势互补资源共享,协同发展;借助部门内图书馆数字资源,利用互联网技术,搭建跨时空、高时效、互动强的网络学术交流平台。

(二)加强人才培养顶层设计,强化人才培训措施

加强人才培养顶层设计,根据气象事业发展的需求和高层次人才队伍特征,设计不同层级的人才培养计划,特别是要重视青年高层次人才的培养,并加强培养计划的宣传解读,让人才充分了解单位人才培养框架,做好个人成长规划;优化分类分级培训体系,加强对用人单位培训需求的调研,结合高层次人才学历背景、发展阶段、岗位情况等多方面因素,提供针对性强的精准化培训;加强远程教育培训力度,对管理类知识和人际关系沟通技能等通用性强,需求旺盛的培训内容,加强拓展为远程应用培训资源,以缓解面授培训资源有限的压力。

多举措并举促进人才成长。依托重点工程建设、重大科技项目攻关促进人才培养;利用WMO资源加大国内国际高级访问进修力度,加强新技术新方法的培训交流,着力提高气象高层次人才的综合实力;推进创新团队建设,以"资源共享、智慧共生、成长共赢"的理念促进团队协作,形成人才集聚效应,建立开放、流动、竞争的科研业务协作机制,促进团队建设和高层次人才成长的共赢。

(三)完善人才评价机制,有效发挥激励作用

充分发挥人才评价指挥棒作用,优化气象部门高层次人才的评价体系,采用多元化的评价方式,创新评价方式,有效选拔、考核在推动气象科技进步和气象业务服务发展做出突出贡献的高层次人才。加强岗位考核聘任,让高层次人才在重要领域和重要岗位上攻坚克难,施展才华,促使其成为能够解决核心关键技术的领军人才。

强化高层次人才的绩效激励,尤其在重大项目、重点研发专项起到核心作用的高层次人才,加大绩效激励力度,发挥经济利益和荣誉地位的双重激励作用。适度提高对专业技术人才申报重大科研项目的奖励力度,发挥物质激励手段对促进专技人才从事科研创新的积极性。

(四)营造人才发展环境,促进人才有序流动

优化高层次人才的创新环境,包括政策环境和科技环境,倡导创新文化,激创人才新活力。积极落实成果转化政策,激发创新活力,为高层次人才科技创新提供完善的制度保障,使人才驱动和科技创新同频共振。加强对高层次人才的情感关怀,营造尊重知识、尊重人才的氛围,积极营造爱才敬才用才的良好氛围,激发人才的创新能力和合作精神。加强科技创新活动经费支持,提供全方位硬件保障。

充分发挥气象部门垂直管理的优势,打破思维定式,树立气象部门科研成果共享、人才共享的理念和机制,根据高层次人才的专业特长和不同地区需要,开展全国性的高层次人才技术援助和交流,促进气象高层次人才在部门内的合理流动。加强对县级和基层气象部门人才政策的倾斜力度,在资金支持、科研项目评审、交流进修等方面予以倾斜,培育和吸引高层次人才向基础薄弱的地区流动。

国家级业务单位科技创新调研报告

王 伟[1] 仰美霖[2]

(1. 中国气象局科技与气候变化司；2. 北京城市气象研究院)

为贯彻落实习近平总书记加快科技创新的重要指示精神,根据全国气象科技创新工作会议、2020年全国气象局长会议的部署,中国气象局科技与气候变化司对国家气象中心、国家气候中心、国家卫星气象中心、国家气象信息中心、中国气象局气象探测中心、中国气象局公共气象服务中心6家国家级业务单位2017年以来的科技创新工作开展调研,在对各单位提交相关统计数据以及工作总结分析的基础上形成了本报告。

一、总体情况

(一)研发领域

国家级业务单位围绕业务发展形成了47个研发领域。其中,气象中心有18个,包括各类灾害性天气预报、气象服务、数值模式等;信息中心和卫星中心分别有9个和7个;气候中心研发领域最为集中,有3个,分别为气候预测、气候系统模式及气候变化。

(二)科研进展

1. 数值预报领域

气象中心围绕全球/区域一体化的数值预报业务系统建设,研发了非静力预估修正半拉格朗日算法、非静力模式全球四维变分同化、有约束卫星资料变分偏差订正方法、适合我国特殊地形和季风气候特点的高精度模式算法、融合我国多型号多普勒天气雷达三维组网同化技术以及公里分辨率三维变分同化系统等技术,提高了模式的预报性能。

气候中心改进了高分辨率气候系统模式大气模式参数化、土壤导水率和农作物物候等方案,建立了S2S实时预测系统,通过了准业务化评审,MJO的可用预测技巧为22天,可实时为S2S第二阶段的国际比较计划提供预测结果。

2. 天气气候及气候变化领域

气象中心研发了中小尺度灾害性天气的短时临近预报技术、中期天气精准度的复杂地形地区降尺度技术及多尺度模式集成技术、延伸期基于长序列历史资料的距平集合统计特征量回归建模等技术,推动智能网格预报系统向无缝隙、精准化、全球化延伸发展。

公服中心围绕冬奥智能化气象服务技术，开发了基于高时空分辨率立体观测、气象预报网格数据，结合最新的冬季天气释用、人工智能、大数据等关键技术，研发了冬奥气象服务保障专项产品和冬奥智慧气象服务技术。

气候中心持续研发并改进各类气候现象和气候要素预测产品，主要包括影响各类雨季开始早晚的关键大气环流系统的延伸期尺度预测产品，ENSO预测检验产品，季节内振荡（MJO）预报产品以及北极振荡（AO）预报产品等，极大地提高了气候预测水平。

气候中心开展了亚洲区域极端降水及中国夏季不同强度降水长期变化特征的检测归因、城市化和全球升温对中国东部极端温度变化影响的检测归因、人为影响对2018年中亚地区春季极端温度事件影响的检测归因研究，升级了气象灾害风险管理系统并完成业务化验收。

3. 气象探测领域

卫星中心发展了风云二号静止气象卫星机动观测技术，建立了针对台风、暴雨、沙尘暴等全球主要气象灾害的定量遥感业务，研发了国内首个气象卫星综合应用业务平台，实现了卫星数据和产品在用户端的广泛应用。

探测中心研发了综合气象观测产品系统（"天衍"系统）和综合气象观测质量控制业务平台（"天衡"系统）并投入业务使用。开展探空核心技术的研发，"惊蛰Ⅰ号"芯片已业务化试用，开展基于"惊蛰"芯片的集成处理器试验并完成原理样机设计和传感器选型；研制成功全国首款基于北斗卫星导航探空专用SOC（系统级）芯片"春分Ⅰ号"；建立了全新的智能化探空系统技术模式，设计完成了智能化高空观测仪器。

4. 气象信息领域

信息中心研发了全球地面、高空、GNSS水汽等各类气象资料质量及多源数据融合与再分析技术，实现了中国区域5千米降水、气温、湿度、风速、能见度、总云量、三维云量，以及亚洲区域6.25千米陆面和全球25千米海表温度等一系列实况分析产品业务准入，初步建成高稳定性、高时效性的实况分析业务，支撑全国智能网格预报业务和实况服务。建成了"数算一体"的气象大数据云平台，具备海量数据存储、全业务贯通、数据应用高效的能力。

气象中心推动MICAPS4.0、短临预报系统（SWAN2.0、SWAN3.0）、出图系统（MESIS2.0）以及中国农业气象业务系统（CAgMSS）等各类气象预报和服务平台向云化和分布式计算发展。

（三）科技成果

1. 科技奖励

国家级业务单位共获省部级科技奖励27项。气候中心获奖项最多，达10项；其次为信息中心，为5项。此外，卫星中心陆其峰2017年度获全国创新争先奖。

2. 专利论文

国家级业务单位获专利154项。其中,探测中心最多,为114项,占总数的74%,且有41项为发明专利;其次为信息中心,为30项。探测中心因承担气象仪器设备研发工作,在专利方面较为突出。但是,卫星中心也有仪器设备研发的相关工作,却未获得专利,其专利及知识产权意识有待增强。

国家级业务单位发表文章1368篇,SCI(SCIE)/EI论文452篇,核心期刊725篇。其中第一作者SCI(EI)文章280篇,平均46.7篇,低于同期国家级科研院所的133.9篇。国家级业务单位中,论文最多的是气候中心215篇,其次是卫星中心173篇,其他几个单位都在40篇以下。出版专著56部。

3. 成果转化应用

国家级业务单位向市场和部门外转化成果35项,收入6499.5万元。其中,成果转化金额最高的是探测中心,转化成果3项,收入3244.6万元;其次是卫星中心,转化成果3项,收入2449万元;气象中心转化成果18项,收入565万元。气象中心和信息中心分别引进成果9项和4项,支付经费108万元。

(四)科研条件

1. 科研项目

国家级业务单位承担的科研项目主要来源为科技部及国家自然科学基金项目,占全部科研项目经费的70%。其中,气候中心承担的项目最多,主持项目42项,经费10830.6万元;其次是气象中心,主持项目24项,经费8219.1万元。与气科院(94项、62405.5万元)相比,国家级业务单位承担的科研项目还存在较大差距。卫星中心承担横向项目较多,近3年共81项,经费8315.3万元。

2. 研发机构及平台

国家级业务单位内设研发机构较少,卫星中心有2个,为卫星气象科研所(39人)和气象卫星工程研发室(45人);信息中心有1个,即气象数据研究室(40人)。

国家级业务单位中建有5个部门重点实验室,其中气候中心和卫星中心各2个,探测中心1个。在2016年部门重点实验室评估中,国家级业务单位部门重点实验室的成绩较为突出,气候中心所属的中国气象局—南京大学气候预测研究联合实验室、中国气象局气候开放研究实验室,以及卫星中心所属的遥感卫星辐射测量和定标实验室分别位列前三名。

国家级业务单位的野外科学试验基地较少,仅卫星中心和探测中心各有1个。此外,除气候中心外,其他单位均有1个成果中试基地。

(五)人才队伍

1. 职称

国家级业务单位人员编制数为1562人,职工总数为1481人。其中,正高258

人,占职工总数的17%;副高655人,占比44%;中级414人,占比28%。从正高人员来看,研究员47人,正研高工211人,以正研高工为主。正高人数最多的是气象中心,为75人,其次为卫星中心和气候中心,分别为56人和54人。从正高人员占本单位人员总数的比例来看,最高的是气候中心,达28%,其次为气象中心和卫星中心,分别为21%和16%。与科研院所相比,国家级业务单位的正高人员比例低于国家级科研院所(25.1%),与省级科研所(17.6%)相当。

2. 学历

国家级业务单位在职人员中博士有505人,占人员总数34%,比国家级科研院所(47%)低13个百分点。其中,气候中心博士130人,占比达68%,高于气科院的63.1%。气象中心和卫星中心的博士分别为135人和122人,占比分别为37%和36%。国家级业务单位的硕士和本科人数分别为526人和318人,人员占比分别为35.5%和21.4%。

3. 研发人员

国家级业务单位专职从事科技研发的人员总数为161人,人员占比11%;比例最高的是气候中心(29%),其次是探测中心(25%)。兼职从事科技研发工作的人员总数为498人,占比34%,比例最高的是卫星中心(89%),其次是信息中心(44%)。只从事业务工作的人数为651人,人员占比43.9%。

4. 创新团队

国家级业务单位共有32个科技创新团队,其中国家级创新团队1个,省部级创新团队6个,司局级创新团队25个。团队总人数为614人,占职工总数的41.4%。气象中心的创新团队数量最多,包括1个数值预报国家级创新团队和18个司局级创新团队;气候中心仅3个创新团队,但研究方向集中,主要为气候预测和气候变化方向。公服中心没有国家级和省部级创新团队,只有5个司局级创新团队。

(六)合作交流

国家级业务单位参加国际会议1064人次,其中卫星中心最多(348人次)。国家级业务单位接收其他科研单位人员到本单位工作204人,其中信息中心最多(75人)。接受国外访问学者36人,其中气象中心12人,其他单位都在7人以下。科研单位到国家级业务单位交流的人数204人,信息中心最多,为75人。国家级业务单位人员去其他科研单位交流较少,共15人,国家级业务单位人员去科研单位交流的愿望不足。

二、存在问题

(一)科研布局不够完善

国家级业务单位围绕核心业务的研究领域比较分散,例如气象中心有18个研发领域,其他单位的研发领域大都也在5个以上,导致本来就有限的科技力量不集中,制约了高水平科技成果的产出。同时,只有卫星中心和信息中心有内设科研机构,其他单位只是依托实验室等科技平台开展合作研究,科研环境的不足也影响了业务单位科技人员的工作积极性。

(二)科技政策落实不到位

根据各单位反映的问题来看,国家级业务单位在科技政策的落实方面还存在一定的滞后,例如科研项目间接经费管理、高层次人才年薪制等好的措施还没有落地,对科研人员在会议、差旅等方面还是管得太死,与科研院所相比科技政策还不够活,出现了高水平科技人才的流失现象。

(三)高层次气象领军人才不足

国家级业务单位在正高人员、博士等高层次人才数量上都有了显著的增加,但是在数值预报、灾害性天气预报、气象信息、大气探测等领域,业务单位还缺乏高水平的学术带头人。同时气象中心和公服中心还没有省部级的创新团队,科技研发的水平还不高。

(四)科技成果水平较低

国家级业务单位在论文、专著、软件著作权及专利等方面,产出不多且水平较低。2017—2019年国家级业务单位以第一作者发表SCI(EI)文章平均46.7篇,远低于同期国家级科研院所的133.9篇。国家级业务单位很多项目实施采取外包式研发的方式,在一定程度上限制了国家级业务单位科研能力的发展,也导致科研成果多为低水平重复,科技含量不高。

(五)科技合作水平有待提升

2017—2019年仅有15名国家级业务单位人员去其他科研单位交流,科技人员的合作交流愿望不足。同时,国家级业务单位围绕数值预报、气候变化、大气探测等领域与中科院大气所、清华大学、南京大学等部门外高校和科研院所的合作较多,但是与气科院以及专业气象研究院所的合作较少,对解决气象部门科研业务"两张皮"现象不利,需要从体制机制方面加以完善。

三、有关政策建议

(一)围绕核心业务发展优化科研布局

国家级业务单位要围绕核心业务发展趋势,结合人工智能、气象大数据等新兴技术,布局重点领域的研发工作。以国家级业务单位和省级气象部门为核心,联合相关高校和科研院所,在业务应用领域组建中国气象局技术创新团队,承接"卡脖子"技术的业务应用研究和业务急需的关键技术开发。推进国家级业务单位逐步设置研发岗位,完善相关配套的岗位职责和人员绩效管理制度。

（二）落实科技创新政策激发活力

推动国家级业务单位进一步贯彻落实《关于进一步激励气象科技人才创新发展的若干措施》等气象部门重要科技创新政策的落实,制定经费管理、成果转化、薪酬分配、科技奖励等措施。参照国家级科研院所相关政策,组织国家级业务单位制定内设科研机构会议、差旅、出国等管理办法,激发创新活力。

（三）加强高层次人才培养

加强高层次人才的激励,对业务发展急需、业绩突出的高级技术人才,可以按有关规定实行年薪制、协议工资制等灵活多样的分配形式。加强青年人才的培养,在科研项目申报、科技任务分配等方面向青年人才倾斜,为青年人才的成长提供良好的政策环境。围绕核心业务发展加强创新团队的建设,在创新团队组成上适当增加科研院所以及高校科技人员的比重,集中资源开展攻关。

（四）提供稳定经费支持以促进成果产出

在落实科技创新政策的基础上,整合零散经费,围绕核心业务发展建立专项科研基金。通过创新发展专项、开放基金及各类工程项目经费等多渠道为国家级业务单位科技研发提供持续稳定的经费支持,提高项目经费使用效率。在委托公司承担科研项目系统开发等任务时,要坚持核心关键技术的自主研发。加强国家级业务单位的科技成果中试基地建设,形成科技成果产出和转化应用良性循环的发展态势。

（五）完善科技合作交流机制

建立国家级业务单位与科研院所重大科技任务对接机制,用好双方优势研发力量,组建以任务为导向的创新团队,集中力量开展攻关。定期举办科研院所与业务单位的联席会议,围绕业务研发需求、科技成果转化等深化合作交流,推动科研院所成果在业务单位的转化应用。

关于四省涉藏气象工作的调研报告

林 霖[1] 扎 西[2]

(1. 中国气象局气象发展与规划院；2. 中国气象局计划财务司)

中央第七次西藏工作座谈会召开后，中国气象局部署贯彻落实工作，组织开展涉藏州县气象工作调研。发展规划院、科技司、减灾司派员随同计财司赴四川、甘肃、青海调研。10月9—12日赴四川，与四川、云南省局以及阿坝、迪庆州局座谈，调研红原县、理县、汶川县局，了解马尔康市局职工周转房建设情况；10月15—20日赴甘肃、青海，调研合作市、夏河县、同仁县、治多县局，与甘南州、玉树州局座谈，了解黄南州局业务楼、玉树州新一代天气雷达在建情况。

一、取得的成绩

2016年以来，四川、云南、甘肃、青海气象部门深入贯彻落实中央治藏方略与中国气象局党组文件精神，在中国气象局和地方党委与政府的大力支持下，经过部门内的无私援助和涉藏州县干部职工的艰苦努力，有序推进各项工作，气象事业取得了长足发展。

（一）气象防灾减灾能力不断提升

一是气象防灾减灾体系不断完善。气象灾害防御政府职责不断明晰，将气象防灾减灾纳入地方年度目标考核。部门间应急联动、信息共享、联合会商和保障服务机制不断完善。"党委领导、政府主导、部门联动、社会参与"的气象灾害防御责任体系更加巩固。建立健全"功能齐全、科学高效、覆盖城乡"的气象灾害防御体系。二是基层气象防灾减灾能力不断提高。推进基层防灾减灾"六个一"标准化建设，开展基层防灾减灾救灾应急管理体系建设。甘肃实现村级气象信息员全覆盖。开展中小河流暴雨洪涝与地质灾害隐患点风险普查、阈值收集和风险区划。积极做好气象灾害风险预警和评估，实现灾害性天气预报向气象灾害风险预警延伸。干旱、雪灾、暴雨、洪涝、冰雹、山洪地质灾害监测预警能力显著提升。三是预警信息发布及传播体系不断完善。预警信息发布手段和覆盖面不断扩大，建成国家突发公共事件预警信息发布系统，甘肃涉藏气象预警信息覆盖面达95%。拓展气象灾害预警信息快捷传播渠道。制作藏汉双语天气预报信息与节目，打造少数民族语言气象服务品牌。青海藏语版《天气预报》影视节目获得全国藏语广播电视节目评析会"优秀栏目"类节目。

(二)气象现代化建设效果显现

一是综合气象观测能力不断强化。强化卫星、雷达、网络系统建设,推进空、天、地三基立体监测。监测范围从大气要素监测拓展到土壤水分、草原植被覆盖率、牧草长势及产量、雷电监测、大气成分监测、卫星遥感监测等。观测密度进一步提升,阿坝州、甘孜州地面气象监测站实现所有乡镇全覆盖;迪庆州覆盖21个乡镇,覆盖率达73%;玉树州建成各类气象站91个,提升了监测能力和水平。二是气象预报预测精准化得到提高。通过座谈了解到,2019年阿坝、甘孜准确率分别为63.6%、72.04%;预警信号时间提前量分别提高到58分钟、69分钟,超过现代化目标值。2020年以来,甘南州网格预报24小时晴雨准确率达81.6%,最高气温准确率达70.1%,最低气温准确率达73.8%。玉树州2020年入汛以来,发布气象灾害预警信号共325期,准确率100%。三是气象服务能力显著提升。发展多样化的气象信息服务方式,拓宽信息发布渠道,提高信息发布质量,扩大信息覆盖面,将气象灾害预警信息传递到广大农牧民手中。开展涵盖虫草采挖、烤烟种植、草原干旱监测、冬春季雪灾、强寒潮天气等农牧业气象服务。拓展旅游、交通、水利等专业气象服务。推进针对农牧业活动的防雷科普宣传,增强群众的避险自救能力。保障长江国际漂流、康巴艺术节、香浪节、拉卜楞寺晒佛节等重大活动。

(三)气象保障生态文明建设稳步推进

一是拓宽生态服务渠道。推进气象服务生态示范建设。青海组建生态气象中心和三江源生态气象分中心,强化生态气象方面的监测和评估能力,为多样性生态气象研究项目的开展提供数据支撑。甘肃优化调整黄河上游气象灾害敏感区和生态敏感区监测布局,新建甘南州新一代天气雷达,构建精细化监测网。加强卫星遥感应用体系建设,推进特色遥感产品业务化。二是生态气象服务成效显著。开展湖泊、湿地、积雪、森林草原火险、干旱等动态遥感监测预警评估服务。发布生态气象公报,健全生态安全气象影响评估工作。三是人工影响天气助力生态修复。强化生态修复型人工影响天气服务,开展三江源人工增雨(雪)作业,人工增雨作业覆盖面积由"十二五"期间的59%提升至"十三五"期间的65%,"十三五"期间共增加降水约197.3亿立方米,比"十二五"期间年均增加16.4亿立方米,有力地保障三江源生态修复。四是积极参与地方应对气候变化工作。建立青藏高原气候变化研究基地,开展气候容量评估,推进重点生态功能区气候资源的精细化评估。

(四)党建、维稳扶贫与对口支援有序开展

一是狠抓党建工作。调研所到的气象部门均将党建工作作为一项政治工作来抓,开辟专门的党建工作室,定期开展学习、组织党建活动,业务和党建工作充分融合,党的领导在基层气象部门得到有效落实。二是维稳与扶贫工作。加强气象干部职工思想文化建设,高度重视和维护民族团结。落实涉藏州县反分裂斗争和维护稳定任务。贯彻落实地方党委政府脱贫攻坚，落实驻村扶贫找工作，推进气象扶贫攻坚。三是统筹利用对口支援资金。主要用于艰苦台站试点改革和改善职工工资福利待遇。四是开展省内气象部门对口援助。推动省内业务科技、专业技术、资金项目、人才援助，提高援助工作的质量和效益，有效推动了涉藏州县气象事业的快速发展。

二、存在的问题

涉藏气象工作存在的问题集中在人员队伍稳定、经费保障情况、设施设备保障、基层民生需求、综合业务提升五个方面。

（一）关于人员队伍稳定的问题

涉藏州县艰苦台站多，由于条件艰苦、待遇不高、经济社会发展落后等原因，普遍存在"招人难、留人难"的问题。首先，人员流出较多，外调辞职现象较为普遍。其次，州县局工作职责需承办地方政府交办的其他事项，反分裂、维稳、脱贫等任务担子极重，影响了气象业务工作正常开展。此外，当地教育水平相对较低，当地藏族生源不多，有气象专业背景的当地生源更为稀少，目前已招录的人员中藏族比例比较低。

（二）关于经费保障情况的问题

人员经费方面，事业人员的绩效工资、医疗保险、公积金、养老保险及职业年金等仍存在较大缺口。部分涉藏州县人员津补贴靠对口援助解决。基层职工期盼"同城同待遇"，但没有可供执行的政策依据，且缺少相应资金来源。此外，由于人员经费不足，基层很容易出现人员经费挤占公用和项目经费的情况。公用经费方面，现行经费预算中对于涉藏州县业务保障经费倾斜不足，业务保障经费缺口较大。项目经费方面，"重基建、轻运维"局面还将长期存在，自动气象站、雷达等观测设施后续的运行维护费用巨大。此外，运行调试阶段，设备列装之前，缺少试运行经费。

（三）关于设施设备保障的问题

涉及高海拔地区干部职工的供氧设施、供暖改造、交通等设施配套缺乏。党建阵地、文化台站仍需要进行建设。车辆是调研中反映较为突出问题，现有车辆2008—2009年配备，行驶里程20万千米以上。按现行车辆购置标准配备，难以配备到适宜高原山地行驶的车辆。而且台站距离远，路况差，加之路面积雪、结冰时间长，车辆质量下降，存在安全隐患，部分业务用车急需更新。

（四）关于基层民生需求的问题

医疗方面，长期坚守高原，对干部职工的身体造成伤害，许多职工不同程度地患有高原性病症，但体检费用标准低，可供休假的时间过于集中，异地疗养、就医等政策难落实。住房方面，涉藏州县多是季节性城市，旅游旺季过后人烟稀少，职工就地购房意愿较低。但因收入偏低，异地购房困难，再加职工周转房数量有限，新入职工没办法享受住房福利政策,存在住有所居的问题。赡养教育方面,大部分干部职工非本地居民,父母子女异地生活,基本不能顾及赡养老人和子女教育,养育成本高,再加上交通花费,都推高生活成本。培训交流方面,在公用经费相对有限的情况下,基层反映目前的培训方式,尤其是部分面授时间长、专业不对口、所需花销大,对年轻高原气象人才培养缺少针对性,希望通过远程培训、就近培训的方式减少差旅培训费用,并建议多制作高原气象培训免费课件。

(五)关于综合业务提升的问题

涉藏州县观测体系尚需优化完善,重要灾害性天气关键区、生态环境敏感区的自动化监测与卫星遥感监测能力不足。气象数据采集、传输、质控、运用、评估的标准规范需进一步统一,确保观测数据可用性。气象预报精细化程度不足,数值预报对高原天气预报能力支撑不足。应对气候变化的科技支撑与生态文明建设气象保障能力需进一步增强。城镇化率相对较低情况下,基本公共服务均等化问题突出,气象服务与涉藏州县发展需求不相适应。党委领导、政府主导的气象防灾减灾救灾工作长效机制有待进一步完善,气象防灾减灾部门间应急联动机制有待加强。政府交办工作的综合协调能力需要提升。

三、思考与建议

(一)准确把握涉藏气象发展方向

做好涉藏气象工作要把握好"四条线"。一是把牢稳定团结主线,维护气象部门和谐稳定,铸牢中华民族共同体意识,促进各民族干部职工交往交流交融。二是关注民生底线,千方百计解决好基层干部职工"急难愁盼"的问题,尽可能排忧解难。三是夯实发展基线,加快补齐短板,为基层气象现代化创造条件,推动气象高质量发展。四是紧靠生态红线,抓紧生态功能区定位,结合国家重大战略部署,服务保障生态保护治理,筑牢国家西部生态安全屏障。

(二)全面提升党建引领作用

坚决贯彻新时代党的治藏方略,加强基层党的组织建设。维护意识形态领域安全,加强习近平新时代中国特色社会主义思想宣传教育。维护祖国统一,提高对当前反分裂斗争形势的认识,落实反分裂斗争和维护稳定的主体责任,加强党的方针政策和国家法律法规的宣传教育,强化干部职工的国家意识、法律意识、公民意识。完善处置工作预案,提升防范应对风险挑战的能力水平。加强民族团结,支持少数民族语言文字的学习和使用,鼓励汉族干部学习藏语。推进党建与业务深度融合,发挥气象防灾减灾"第一道防线"作用,防范化解重大自然灾害风险,服务地方经济社会发展。

(三)加强干部人才队伍建设

重视招人难问题,用好人员招录政策,发挥局校合作优势,采取定向培养、定向分配等多种方式招录人员,放宽涉藏州县事业单位专业限制,定向招聘涉藏州县高校毕业生。招录一定比例的藏族等少数民族公务员。缓解留人难的问题,研究制定高海拔地区新录用高校毕业生高定工资政策及相关待遇,出台西部气象人才引进、选拔交流、智力服务等方面支持政策。提高专业技术高中级岗位的比例。推进培训能力建设,加大培训力度。吸引高层次人才,鼓励支持高层次专业人才向涉藏州县流动。创新双向干部人才培养模式,强化骨干人才合作培养。加强干部队伍建设,实施涉藏州县干部政策,重视少数民族干部的培养、选拔和使用。拓宽干部交流任职渠道。加大干部对口交流指导力度。加强干部职工关心关爱,统筹保障职工津贴补贴和事业人员绩效工资等待遇。推进基本养老保险属地管理,落实高海拔地区折算工龄补贴、艰苦边远地区津补贴等政策。做好气象职工定期体检、疗养,提高气象干部职工体检费用标准。研究制定职工周转房政策。

(四)提高监测预报服务水平

提高气象监测精密水平。推进智能化气象观测业务,强化气象灾害高影响区、气候敏感区、生态脆弱区气象观测站网建设,提升新一代天气雷达覆盖率,尽可能减少监测盲区。实现探空业务全流程自动化,推进观测装备升级改造,提高卫星遥感监测应用能力和服务水平。加强装备保障能力建设。提高气象预报精准水平。加强高分辨率区域数值模式的高原影响研究。加强重大气候事件预测能力建设。建设无缝隙智能网格预报业务,提升产品的时空分辨率和准确度。持续推进影响预报和风险预警、专项气象预报的业务能力。优化省州县三级一体化综合业务系统。提高气象服务精细水平。开展针对防灾减灾重点单位、重点区域的精细化灾害影响评估服务。发展精细化中小河流洪水、山洪和地质灾害风险预警业务。构筑气象灾害影响地区预警信息靶向发布通道。开展智能化专业气象服务。加大设施设备投入。按照"谁投资、谁所有、谁受益、谁维护"原则,推进基础设施与装备建设升级,改善富氧、供暖、饮水、交通、职工周转房等工作生活环境和条件,推进业务平台标准化规范化建设,更新升级信息网络、业务平台等硬件设施。

(五)服务保障生态文明建设

强化生态治理气象保障服务。优化布局生态气象观测,开展和完善对雪山冰川、湖泊湿地、森林草原、农田草甸等重点生态系统的生态气象监测。加强区域气候变化卫星遥感监测研究与应用。强化生态保护与建设气象监测评估服务。强化气候变化支撑能力。推进国土空间与气候变化监测预警。支持开展全球气候变化对青藏高原影响的对策性研究,提出工程性措施。开展定量化的气象监测与气候影响评估,开展重大工程项目的气候可行性评价。助推第二次青藏科考。强化生态修复型人工影响天气服务。加强生态保护修复人工影响天气能力建设,服务三江源、青海湖流域等重大生态建设工程。

(六)加强经费保障与对口支援

加大经费保障力度。对公用、业务维持等经费继续予以倾斜,增加人才专项经费投入。顶层谋划保障地方奖励性政策需要。提高涉藏州县车辆配备标准和运维标准,增加配备数量和运维预算。优先考虑安排基础设施和气象现代化建设。确保专项规划明确涉藏州县建设内容,大力支持涉藏州县气象发展"十四五"规划工程项目建设。继续开展对口支援效益。适度加大资金援助力度。完善援助工作内容和方式,拓宽援助领域,进一步推动人才援助和业务科技援助工作。继续加强援受双方干部人才的交流互动,提高专业技术人才选派交流的比例。支持聚焦特定目标任务开展"小组团"支援工作。做好对口支援项目储备,形成任务清单逐项落实,促进援受双方在开展援助的同时开展数据共享、科技合作。

安徽省气象局解决形式主义突出问题切实为基层减负情况调研报告

张爱民　刘海川　李　轶　闵长虹

（安徽省气象局）

一、调研背景和目的

2019年，中共中央办公厅印发《关于解决形式主义突出问题为基层减负的通知》，明确将2019年作为"基层减负年"。近两年来，安徽省气象局党组深入贯彻习近平总书记关于坚决整治形式主义、官僚主义的一系列重要讲话和指示批示精神，认真落实中央、安徽省委、中国气象局关于解决形式主义突出问题为基层减负的工作要求，以改进工作作风、提高工作效能、减轻基层负担、密切党群关系为目标，采取多种措施切实解决基层负担过重的问题。为分析评估"基层减负年"工作成效，切实将为基层减负落到实处，省局年初将该项工作列入年度调研工作计划。省局纪检组对照中国气象局党组印发的《解决形式主义突出问题为基层减负工作方案》确定的5方面18项具体内容设计了调研工作方案，重点对省局层面解决形式主义突出问题为基层减负情况进行了调研、分析和总结，并提出了建议，为进一步持续深入开展整治形式主义突出问题减轻基层负担提供参考。

二、调研方式方法

（一）各单位自查并提交书面材料

2020年9月，省局纪检组印发了《关于开展解决形式主义突出问题切实为基层减负情况专项检查的通知》，要求各市局进行对照检查，并提交自查报告，同时对省局层面解决形式主义突出问题提出意见建议。

（二）问卷调查

2020年10—11月，调研组根据调研需要在"安徽气象纪检监察网"上制作了调查问卷页面，由基层干部职工自愿进行填写。全省市、县两级气象部门共有458人参与网络问卷调查，其中处级干部23人、科级干部205人、一般干部230人。

(三)实地调研

2020年11月,调研组结合开展解决形式主义突出问题切实为基层减负情况专项检查工作,到合肥、阜阳、黄山、安庆4个市局及其所辖的长丰、临泉、休宁、黄山区、望江等县局开展实地调研,采取听取汇报、座谈等方式,听取他们对省局的意见和建议。

三、调研结果

(一)为基层减负成效

根据调研反馈的情况来看,省局推进解决形式主义突出问题切实为基层减负工作取得了较好成效,基层干部职工对省局落实基层减负的措施和成效总体上是满意的,反映的问题主要集中在监督检查考核和服务基层方面。

1. 增强了克服形式主义、官僚主义的政治自觉

通过推进解决形式主义突出问题切实为基层减负工作,广大干部职工对解决形式主义问题为基层减负的重要性和迫切性的有了更高的认识。问卷调查显示,对基层减负工作情况不清楚的仅占7%;同时,各级领导干部将克服形式主义官僚主义在思想上警醒、在行动上落实。近两年,省局纪检组未收到关于形式主义官僚主义方面的信访举报。问卷调查显示,认为本单位的领导干部贯彻落实上级重大决策部署表态多、调门高、行动少、落实差的情况严重的仅占7%。

2. 精文减会取得明显成效

2020年计划发文324件,已发269件,预计全年完成320件,比去年同期(361件)减少41件,下降11%。2020年计划召开会议数17个,已召开10个,预计全年完成15个,与去年持平,在已召开全省性会议中有3个为视频会议。问卷调查显示,认为当前的公文总体数量减少很多和减负有一定成效的占72%;认为当前需参加的会议场次数量减少很多和减负有一定成效的占76%。

3. 提升了基层干部职工减负获得感

基层干部职工一致反映,明显感受到发文数量变少,质量更高;会议时间变短,内容更实;接待、陪同更加简化;调研更深入基层,帮助解决不少实际问题;督查和检查减少,对基层业务的指导和服务增加等。问卷调查显示,认为为基层减负工作进展和成效情况非常明显和比较明显的占54%。

4. 进一步激励了党员干部担当作为

2020年安徽遭遇历史罕见的特大洪涝灾害,全省气象部门多个市、县局成立了"气象先锋"党员突击队,领导干部带头战斗在防汛救灾气象服务一线,以高度的政治责任感、勇于担当的精神和战时状态,超常规应对超历史汛情。问卷调查显示,认为本单位领导干部推诿扯皮、不愿担责、上交矛盾的情况没有和较少的占91%。

(二)主要减负措施

1. 强化组织领导,层层压实责任

加强力戒形式主义官僚主义理论学习。省局党组组织党员干部深入学习领会习近平总书记关于反对形式主义官僚主义重要论述,及时传达学习关于基层减负的最新部署要求,引导党员干部从增强"四个意识"、做到"两个维护"的政治高度推动基层减负工作有效开展。

将基层减负工作纳入年度重点任务。省局党组将解决形式主义问题为基层减负作为一项重大政治任务来抓,多次专题研究部署,并将"建立基层减负工作长效机制""提升调研成果质量,注重解决实际问题"2020年工作要点,将力戒形式主义官僚主义深度融入决策部署、巡察督查、民主生活会、年度述职等日常工作。

细化基层减负工作方案并督促落实。省局开展了集中整治形式主义、官僚主义专项行动,印发《安徽省气象局关于持续解决形式主义问题为基层减负工作方案》,从筑牢思想政治根基、纠治贯彻落实上级决策部署中的形式主义、防止文山会海反弹回潮等7个方面,细化23项措施,明确牵头责任单位并监督落实。

2. 坚持以上率下,狠抓工作落实

坚决落实落细上级重大决策部署。省局党组在贯彻落实上级重要决策部署中坚决不搞形式主义,以学习贯彻习近平总书记重要指示精神为主线,统筹谋划气象事业高质量发展,推动省政府在全国率先出台了《关于推进气象事业高质量发展助力现代化五大发展美好安徽建设的意见》,确保学习贯彻习近平总书记重要指示精神落地见效。

进一步精文减会,切实改进文风会风。按照中国气象局《关于进一步改进机关文风会风若干措施的通知》要求,严格精文减会计划管理,按照总量只减不增的原则,保持对精文减会的刚性约束;推进机关制度性公文培训,加强文件质量考评。

进一步规范监督检查考核调研工作。每年制定督查检查考核计划,对部门内部督查检查考核工作进行统筹管理,整合检查事项,减少次数;每年制定党组调研工作方案,进一步提高调研的针对性和实效性,并充分利用信息化手段提高调研的效率和质量。

3. 巩固深化成果,建立长效机制

做好干部"选育管用"工作。组织修订安徽省气象部门干部选拔任用相关规定及配套政策,大力选拔敢于负责、勇于担当、善于作为、实绩突出的干部,注重从业务一线、艰苦地区、基层台站、扶贫战线等"吃劲"岗位选拔优秀干部。

强化监督执纪问责工作。纪检组把解决形式主义、官僚主义突出问题纳入日常监督、巡察、主体责任检查考核、政治生态分析评估的重要内容,做实做细监督工作,切实提高监督的针对性和实效性。

(三) 存在的主要问题

1. 贯彻落实上级决策部署需进一步尽心用力

基层干部职工在座谈中反映贯彻落实还存在以下问题：一是对推进党建和业务融合的成效有待提高；二是以文件落实文件、以会议落实会议的现象仍然一定程度存在。

2. 文风会风有待进一步改进

发文方面。基层干部职工在座谈中反映发文还存在以下问题：一是发文总量仍偏大，需进一步精简；二是少数文件质量不高，针对性、指导性不强；三是为减少文件数量，出现将红头文件变白头通知问题。问卷调查显示，认为发文给基层造成了较大负担，排在前三的问题分别是层层转发文件、文件不符合实际和公文流转效率低。

会议方面。基层干部职工在座谈中仅反映会议存在现场会少了、视频会变多的问题。问卷调查显示，认为会议给基层造成了较大负担，排在前三的问题分别是层层重复开会、内容照本宣科和无关人员陪会。

3. 监督检查考核和调研工作有待进一步规范

基层干部职工在座谈中反映材料报送还存在以下问题：一是内设机构之间沟通协作不够，信息不共享，同类事项反复要求上报材料，基层疲于应付；二是一些评先评优报送相关先进事迹等材料要求 2000~5000 字，字数过多；三是对一些材料和数据的报送缺乏统筹考虑，反复要求上报；四是催要材料时间紧，基层没有时间准备。问卷调查显示，认为报送材料给基层造成了较大负担，排在前三的问题分别是时间要求紧、重复要求报送和报表设计繁杂。

基层干部职工在座谈中反映检查考核还存在以下问题：一是考核内容指标设置不合理、评价标准体系不科学，考核指标太多太细、"一刀切"、不够实事求是；二是目标考核下发较迟，针对细则的说明不到位，基层落实有困难；三是检查考核仍存在重留痕的现象，需要较多的佐证材料；四是监督检查的统筹节约不够，临时检查、突击检查仍然存在；五是部门和地方对党建的考核和检查条块重复。问卷调查显示，认为监督检查考核给基层造成了较大负担，排在前三的问题分别是过度强调留痕、考核指标不科学和检查重复扎堆。

基层干部职工在座谈中未反映调研存在的问题，但问卷调查显示，认为调研给基层造成了较大负担，排在前三的问题分别是不解决实际问题、材料准备任务重和调研不深入。

4. 服务基层的能力和水平有待进一步提升

一是省局对基层部分具体工作的指导不够及时到位，发现问题只通报不帮助指导解决；二是对基层干部队伍建设的支持倾斜力度不够，缺少激励年轻干部扎根基层的措施和政策支持；三是气象业务平台和财务系统多、更新快，且推广过渡时间较短，基层难以适应、疲于应付；四是以工作名义建立的微信群多，在微信群、钉钉上布置工作不能及时看到容易误事；五是全年培训的统筹安排不合理，培训任务多，有时培训扎堆，影响基层正常工作。

此外，问卷调查显示，认为给基层造成较大负担还有其他几方面问题，排在前三的问题分别是加入的微信群和关注的 APP 过多、解决实际问题效率低下以及对反映的问题推诿搪塞。

5. 担当作为的意识和能力有待进一步强化

一是个别内设机构和直属单位人员对基层业务不了解，能力不足，对基层反映的问题不回复、无回应，个别直属单位在出现问题时将责任下推；二是对敢于担当作为的干部激励不够。

四、建议

（一）要继续强化对领导干部的思想教育

坚持用习近平新时代中国特色社会主义思想武装头脑，深入学习领会习近平总书记关于力戒形式主义官僚主义的指示批示精神，教育引导党员干部自觉加强党性修养，坚持实事求是的思想路线，牢固树立正确政绩观和以人民为中心的思想理念，做到真减负、减真负。

（二）要持之以恒深入推进作风建设

坚持问题导向，坚决破除工作中的形式主义，各职能处室要认真梳理、研究和分析基层干部职工反映的问题，主动沟通、积极协调、同向发力，以解决实际问题为落脚点，拿出切实可行的举措回应干部职工的关切和期盼。对干部职工反映强烈的形式主义突出问题整改不力的，要严肃进行责任追究。

（三）要坚持制度建设与科学考核相结合

根除形式主义还需完善相关制度，要对相关工作制度及时进行修订完善，并强化制度执行。同时，要把考核标准纳入制度体系，通过科学设计，设置关键性考核指标，让基层干部职工把更多时间花在做实事上，以工作实效作为年终评先评优的主要条件。

（四）要不断提升机关干部的履职能力

上级机关能力水平不足是造成基层忙累的关键因素，因此为基层减负首先要加强机关干部队伍建设。要通过上派下挂、交流学习等形式不断磨炼干部，并将想干事、能干事、会干事的同志选拔到合适的领导干部岗位上来，切实提高机关干部队伍服务基层的能力。

关于气象部门网银支付风险管理情况的调研报告

曹卫平[1] 任振和[1] 刘彤[2] 程磊[2] 周欣[2] 董江[2] 司惠菊[2] 赵洁[1] 孙筠婷[2]

(1. 中国气象局计划财务司；2. 中国气象局气象发展与规划院)

  网银支付是2016年气象部门推出的防范资金风险的重要举措，原理是通过不相容职务分离防范风险。所谓不相容职务是指那些如果由一个人担任，既可能发生错误和舞弊行为，又可能掩盖其错误和弊端行为的职务。网银支付解决了不相容职务分离，但在实际执行中也出现未按要求执行导致不相容职务未分离的问题。为了进一步加强资金支付管理，避免再次出现类似案件，计财司组织开展了气象部门资金管理内部控制专项检查，同时联合发展规划院成立调研组，对气象部门资金支付风险管理情况做了全面的调研，深入分析气象部门资金支付存在的风险，认真研究措施，防范财务风险。

一、基本情况

  调研组采取书面调研和实地调研相结合的方式，对各单位报送的资金管理内部控制情况自查表(以下简称"自查表")进行梳理汇总，重点对网银支付环节不相容岗位分离情况进行了分析研究。同时深入河北省廊坊市气象局、辽宁省沈阳市气象局，对网银支付岗位设置、支付流程进行了实地调研。

(一)网银开通情况

  截至2020年7月，全国气象部门下属独立财务核算的事业单位(含地方编制机构)、企业单位和学会、工会等社会团体总计5446家单位，其中开通并使用网银支付业务的单位共计5140家，占比94%。除个别县局和企业外，绝大多数单位已开展网银转账支付业务。

  从自查表统计看，全国31个省份，全部开通并使用网银支付业务。其中福建、湖北、浙江、青海、宁波、青岛、厦门、天津8个省(直辖市、计划单列市)下属所有单位全部开通网银支付业务；河南、宁夏等23个省(自治区、直辖市)和计划单列市下属90%以上单位开通网银支付业务。

(二)网银管理情况

1. 岗位设置情况

  根据自查表分析，5140家开通网银支付的单位，有832家未按财务制度管理规定设置制单岗位、一级复核岗位、二级复核岗位和主管岗位,未实行不相容职务相互分离,没有执行一人一卡一密码。其中有192家单位只设置了制单岗位;有176家单位网银盾设置了制单岗位和一级复核岗位,但是两个岗位为同一个人;有431家单位一级复核岗位和二级复核岗位/主管岗位为同一人;有33家单位设置制单岗位、一级复核岗位、二级复核岗位和主管岗位,均为同一人,风险较大,存在资金安全隐患。

从832家没有根据财务制度管理设置权限的单位性质看,其中有629家预算单位性质为事业单位,占比75.60%,其余203家预算单位性质为企业,占比24.40%;629家事业单位中,有96家三级预算单位,占比15.26%,有533家四级预算单位,占比84.74%,说明四级预算单位(县级)权限设置不够科学、不合理的问题居多,资金安全隐患较大。

2.U盾密码设置情况

根据自查表分析,5140家开通网银支付的单位,其中没有定期更新密码的单位2231家,占比43.40%。其中天津、青岛所有U盾均没有定期更新密码;广西、贵州、海南、河南、湖南、吉林、江苏、河北、云南、西藏10省(自治区)过半数单位没有定期更新U盾密码位。从U盾密码设置是否定期修改情况看,存在网银U盾密码设置比较简单、未定期进行修改、U盾密码管理不规范等问题。

(三)实地调研情况

调研组抽取了河北廊坊和辽宁沈阳两个市局开展实地调研。河北省廊坊市气象局下辖8个县,核算单位25个,开设25个网银账户。其中县局网银账户21个,从填报的自查表看有3家网银账户不相容职务未分离,占县局总数约14%。但从实地调研具体执行看,网银支付都由出纳一人操作。在辽宁省沈阳市气象局,调研组现场抽查了8个网银支付账户内部控制情况,发现资金支付全部由出纳一人操作。

二、主要风险及原因分析

根据对基层气象部门网银管理和资金支付环节风险分析,气象部门地县级在资金支付管理方面比较薄弱,特别是县级气象部门更为明显,内部控制措施流于形式,导致资金支付环节风险增加。主要体现在两个方面。一是管理风险。网银盾未严格按照相关制度要求管理,网银支付不相容职务未分离;网银U盾密码设置比较简单,没有定期更新。二是执行风险。有的单位对网银支付从岗位上做了分设管理,但由于各种主客观原因,实际支付时均由一人操作完成。由于基层人员不足,导致制度要求无法落到实处。这些问题将带来管理隐患,存在重大的财务风险和廉政风险。一旦再出现类似宁都县气象局这样的事件,不但在经济上会给气象部门造成重大损失,同时在干部队伍建设上也会造成恶劣影响。

（一）基层财务队伍薄弱

气象部门单位点多面广,资金来源多,财务队伍薄弱,管理难度大。经统计,气象部门从事财务工作人员5340人,其中,专职1946人,占比36.44％,主要分布在国家、省、地市级单位;兼职人员共计3394人,占比63.56％,主要分布在县级气象局。绝大多数县级气象局未设置专职财务人员,而是由业务人员兼任出纳(报账员),会计核算由地区局代理。业务人员兼任财务工作,在财务水平、能力、精力等方面对比专职人员都有差距,导致在执行中更注重"完成任务",而不关注风险和执行的规范性,为风险发生埋下隐患。

（二）岗位设置不合理

网银支付从职责上是出纳的职责,但因为不相容职务分离的要求,复核的职责需要转移给会计,造成会计的工作量增加。而大多数县级气象局只是由业务人员兼任出纳(报账员),未设置会计岗位,只能安排县局副局长履行网银复核职责。这样安排在实际执行中会形成风险隐患。一是因为其为县局领导,财务上的会计出纳相互制约的作用自然削弱,导致风险。比如2016年青海玉树县局长挪用资金的案件,其间出纳曾发现疑点,但因为上下级关系而忽略。二是县局领导公务繁忙,很难及时履行网银复核职责,必然会出现频繁的"替岗",导致风险。比如江西宁都事件主要是因县局长长期扶贫,网银支付职责全部交由出纳1人完成,严重违反了资金管理的内控要求,造成重大损失。

（三）财务风险控制领域的信息化程度不高

随着信息技术的发展,新型的技术手段在各领域得到广泛应用,特别是支付领域,支付手段不断创新,网银、银企直联、网上银行等手段越来越多,支付更加高效、便捷,相应地加大了支付风险,这就要求对应的监管方式、手段也要与时俱进,要充分发挥信息化技术在财务风控领域的作用。近年来,随着计财业务系统的建设和应用推广,促进了财务业务标准化、规范化、流程化,虽然也开展了中央财政资金支出联网实时监控,在加强基层财务监管等方面发挥了一定的作用,但对地方资金、其他资金的联网监控功能尚未实现,风险控制信息化程度不高,特别是对内控制度执行、控制流程合理性、控制时效性等尚不能有效监控,对如何减少资金支付环节人为干预、基层人员少导致的网银盾管理薄弱等问题缺乏针对性,没有很好的解决手段,需要进一步结合气象部门实际情况,不断创新,提高信息化水平,引入新技术、新手段,完善计财业务系统功能,强化对基层单位资金收支业务的监管。

三、对策建议

根据气象部门资金支付管理存在的风险以及产生的原因,建议从队伍、信息化、监督体系三个方面进一步加强管理,切实防范资金风险。

(一)进一步加强基层财务队伍建设

坚持专业的人干专业的事,持续加强财务队伍建设,打造一支专业素质强、爱岗敬业的财务队伍,进一步提高地县级气象部门财务人员的专业素质,分年度在地县级气象部门招录财经类专业的本科毕业生,充实地县级财务队伍,逐步实现气象部门财务人员专业化。加强县局财务人员以及分管领导、主要负责人的财务知识和能力培训,提高县局人员职业道德和财务管理能力。

(二)进一步加强信息化建设

坚定不移地推进计财业务系统,提高计财管理信息化水平。一是推进计财业务系统内控管理、网上审批功能的应用,完善基层单位内部控制措施,将相关的制度嵌入信息系统中,推进事前审批、财务报销一体化、流程化应用,形成有始有终、环环相扣的内部控制机制,最大限度地减少人为因素;二是引入银企直连和 RPA 机器人技术,控制网银盾的物理隔离,实现不相容职务相互分离。银企直连是采取计财业务系统与银行系统无缝对接的方式,通过信息系统的"刚性"约束实现对资金支付的全面管控。RPA 机器人技术是一种新型的人工智能的虚拟流程自动化机器人,核心是通过自动化、智能化技术来"替代人"进行重复性、低价值、无须人工决策等固定性流程化操作。银企直连和 RPA 机器人技术结合能有效解决目前气象部门网银支付的多种情况,采取灵活配置方式,固化管理要求,减少人为干预,"强制"实现不相容职务分离要求在执行中落地,有效防范支付风险。

(三)进一步完善监督体系

建立联网监控和实地检查有机结合的监督检查机制,加强对基层财务的监管力度。通过推进网上审批的应用,完善内部的业务流程,使之更加科学化、规范化,强化地市级核算中心的监督作用;通过系统联网监控,加大对基层单位的支出监管。通过银企直连和引入 RPA 智能机器人技术,收集部门所有网银支付数据,以此数据为基础,植入计财业务系统监控预警平台,实现部门全口径监控,填补自有资金、地方资金、企业资金缺乏数据无法监控的空白。同时根据联网监控情况,开展有针对性的实地检查,结合巡视监督、审计监督,完善监督体系。

推进气象高质量发展地方财政保障政策建议
——关于气象部门公共财政保障情况的调研报告

于波[1] 杨金彪[1] 张耀军[1] 王茹[1] 曹林琳[1] 徐相明[1] 李海峰[2] 王云[2] 秦晗[2]

（1. 江苏省气象局；2. 江苏省财政厅）

一、调研情况

（一）气象部门基本情况

江苏气象部门实行上级气象主管机构与本级人民政府双重领导，以上级气象主管机构领导为主的管理体制，根据授权承担本行政区域内气象工作的政府行政管理职能，依法履行气象主管机构的各项职责，同时根据《国务院关于进一步加强气象工作的通知》（国发〔1992〕25号，以下简称"国务院25号文件"）施行与气象部门现行领导管理体制相适应的双重气象计划体制。

目前，江苏省气象局机关内设机构10个，直属事业单位10个，下辖13个地（市）气象局、65个县（市、区）气象局，70个国家级气象观测站。全省气象部门现有职工3346人，省、市、县三级分别占41.75%、18.05%、40.20%，其中国家编制人员1582人（含参照公务员管理人员529人）、地方编制人员39人、合同用工（含劳务派遣）459人、离退休人员1266人。

2015年国务院"放管服"改革，取消了雷电灾害风险评估等中介技术服务收费，作为有偿气象科技服务收入主渠道的防雷科技服务收入呈断崖式下滑，因公共财政没有能够及时足额补位保障，导致了气象事业发展经费规模锐减，收支矛盾日益突显。

（二）地方财政保障主要方式

全省气象部门现有中央预算单位87个，截至2019年年底，有16家基层气象部门作为地方本级财政预算单位，纳入地方财政预算，主要包括南京地区、南通地区及苏州地区的部分区县，占比18.39%。其余地方财政对气象的保障，主要通过经费补助、定向补助、经费包干三种方式，其中采用经费补助方式的有68家，占比77.3%，公共财政保障率94.85%；采用定向补助方式的有4家，占比4.5%，公共财政保障率82.79%；采用经费包干方式的有16家，占比18.2%，公共财政保障率86.88%。

(三)公共财政保障现状

2015—2019年各年全省气象部门平均公共财政保障率(计算方法)分别为67.88％、83.84％、84.85％、90.02％、89.45％。

2019年全省气象部门收支预算规模91098.87万元,中央财政安排38761.90万元,占比42.55％;地方财政安排39900.22万元,占比43.80％。其中地方财政安排的保障资金中用于人员支出18062.73万元,占比45.27％;用于公用支出5318.09万元,占比13.33％;用于业务运维支出10477.47万元,占比26.26％;用于重点项目建设6041.93万元,占比15.14％。

为了深入了解江苏省气象部门公共财政保障情况,调研组选择公共财政保障较好的南京市进行了现场调研。经南京市政府同意,2016年1月1日起,南京气象部门作为地方预算单位,全额纳入市、区财政预决算管理,执行市、区财政部门有关银行账户、政府采购、资金、票据、资产等管理办法,接受市、区财政监督管理。人员、公用、业务维持等经常性支出参照其他同级部门标准,并综合考虑气象业务实际运行情况,在中央财政保障外,全额纳入市、区财政预算,兜底保障。同时作为衔接,南京气象部门同步实施了养老保险、医疗保险、事业单位绩效管理,另外对有偿气象科技服务实行收支两条线管理。南京气象部门做法健全了新常态下全市气象事业基本运行和发展的公共财政保障机制,规范了气象部门收支,有力保障了南京气象事业又好又快发展。

通过调研了解到:对气象部门地方财政保障总体落实情况,认为明显改善的占比76％,认为有改善的占比23％,地方财政保障总体满意度较高。纳入同级财政预算单位的地区,保障机制稳定,整体保障较好,2019年公共财政保障率为99.82％,远高于年度全省财政保障率10.37个百分点。未纳入同级财政预算单位的地区,保障水平参差不齐,保障机制也不稳定。整体保障较差的是徐州地区和扬州地区,这两个地区2019年公共财政保障水平没有一个单位超过90％,2019年公共财政保障水平最低的是仪征市气象局,仅60.37％。公共财政保障与地区经济发展水平总体有关联,但并非地区经济条件好的保障一定好,地区经济薄弱的保障就一定差。如苏北的赣榆区(100％)、洪泽区(100％)、盱眙区(100％)等,虽然地方经济薄弱,但当地气象部门公共财政保障相对较好;而苏南的江阴,地方经济条件很好,但当地气象部门公共财政保障仅71.69％。

(四)基层主要诉求

本次专题调研收回有效调查问卷149份,其中基层气象局75份、基层财政局74份。被调查单位普遍认为,目前气象部门实行的双重领导管理体制、双重计划体制及相应的财务渠道,符合江苏省气象工作的特点和省情实际,符合气象业务发展规律,能够充分发挥气象部门的优势,便于调动各级依法发展气象事业和开展公共气象服务的积极性。

但是多数单位对国务院25号文件不太了解，不理解双重计划财务体制的内涵。基层财政部门普遍认为应该加大对气象部门公共财政的保障力度，但如何建立相应的财务渠道，在政策层面如何操作比较困惑。基层气象部门长期以来维持机构正常运转的刚性支出得不到足额保障，与高质量发展气象事业的要求不相适应，直接影响干部职工队伍的稳定。

希望上级部门加强指导，按照国务院25号文件要求，明确江苏省气象部门公共财政保障的管理模式和保障方式。

（五）外省的一些做法

浙江省部分地区气象部门作为地方预算单位，纳入同级财政管理；2015年浙江省出台文件，要求各市县加强气象职工地方津贴补贴等福利待遇的保障工作，认真落实气象职工的地方津贴补贴等福利待遇，对于目前尚未保障到位的地方，要求将气象部门的地方津补贴等经费足额纳入同级财政年度预算。湖北省2018年出台文件，对于湖北省气象局中央编制人员的地方改革性补贴及奖励性补贴经费，从省财政补助资金和事业收入中统筹解决。福建省2015年文件明确，市县气象部门在职、离退休人员收入分配政策，享受同级政府机关、事业单位同类人员待遇，将在职、离退休人员地方津补贴及相应的医疗、养老、住房等改革性补贴足额纳入同级财政预算，列入基本支出管理，除中央财政已安排的资金，不足部分纳入同级财政预算。

二、问题分析

（一）财政保障机制不健全

国务院25号文件明确指出，要"建立健全与气象部门现行领导管理体制相适应的双重气象计划体制和相应的财务渠道"，文件出台以来虽然江苏省建立了双重计划财务体制，但一直未建立与之相应的财务渠道，地方财政保障主要依靠当地气象部门积极申请和争取，没有能够形成稳定的公共财政保障机制。

（二）财政保障能力不足

1. 人员公用基本支出没保障

国家"放管服"改革以来，全省气象部门有偿气象科技服务收入断崖式下滑，公共财政没有能够及时补位保障，使得长期以来依赖有偿气象科技服务收入弥补各级气象部门人员经费缺口的做法难以为继，直接影响到气象人才建设和队伍稳定。近年随着江苏省各地相关经费支出标准的不断提高，气象部门同城同待遇的人员经费缺口压力越来越大，离"保基本、保刚需、保重点"尚有不少差距，多数气象部门连人员经费的基本需求都没有得到保障，工资发放大多通过调结构弥补，带来很大的审计风险，也是当前气象部门稳定发展面临的重要难题。

2. 业务运维刚需支出没着落

多数气象部门没有一般性支出预算户头，其纳入所在地政府一般性年度预算总体比例也较低。对于为地方经济建设和防灾减灾服务的气象业务项目，多以专项支出或建设资金等方式予以支持，具有极大的不稳定性和不连续性，且建成后维持经费没有纳入一般性常规预算保障范围，存在好建设、难维持的现象。随着"十一五""十二五""十三五"规划建设项目的建成和投入业务使用，客观上需要足额的业务运行经费，来保障建成的设备设施和业务系统纳入正常业务运行，从而发挥项目建设效益。但是现状是地方气象服务需求越旺盛，任务就越大，新建业务项目也越多，而经费保障困难问题也就越突出。

3. 重点项目配套任务没计划

与全省气象事业发展规划相配套的区县气象重大设施建设等资金落实总体不理想、水平较低。地方气象事业发展的快慢，对气象工作支持、事业发展的投入力度大小，除与地方经济状况有关外，往往与地方党委政府领导特别是主要领导的重视程度和认识程度密切相关，发展环境和条件也往往因领导人的变化而改变，面上差异性大，发展不可持续。

（三）财务管理不规范

1. 财政补助资金使用不规范

多数地方财政对不是本级预算单位的气象局，以"业务补助费"的名义，下达专项补助资金，有的明确支出内容不能用于人员支出，有的预算支出内容含糊不清。多数基层气象局首先使用地方财政安排的业务补助费，来弥补人员经费缺口，优先保障民生，不符合《中华人民共和国预算法》等相关规定，存在较大的资金使用风险。

2. 有偿气象科技服务收入管理使用不规范

一直以来，大多数气象部门对有偿气象科技服务收入没有实行收支分离管理。将有偿气象科技服务收入按预计收入编入年度部门预算后，直接列收列支、多收多支、少收少支，不仅年度预决算收支差异较大，而且不符合国家有关收支管理规定，存在较大的资金收支管理风险。

三、对策建议

多年来，按照国务院25号文件规定，气象部门虽然实行了"双重计划财务体制"管理，但因为未建立相应的财务渠道，公共财政保障问题并没有从根本上解决。如何建立"相应的财务渠道"，需要各级政府的重视支持，尤其是地方财政部门和气象部门共同的探索。

（一）先行先试，把气象作为预算单位纳入同级财政预算

具体做法：与地方其他行业部门一样，把气象作为地方同级预算单位进行管理。

推进气象高质量发展地方财政保障政策建议——关于气象部门公共财政保障情况的调研报告

气象部门执行所在地财政财务管理政策,按同级财政要求,全口径编报预决算。一是将气象部门的人力资源信息,纳入地方人社部门(含公务员局)管理,由其按照所在地标准,核定人员工资、津补贴、绩效奖励等支出标准,并据此编制人员支出预算;二是严格按照地方参公单位、事业单位相关标准编制日常公用经费;三是在地方财政的指导下,运用零基预算理念,逐步建立气象运维和建设项目支出标准体系,通过项目库的方式编制项目支出预算;四是将有偿气象科技服务收入上缴同级财政,实现收支两条线管理;五是将中央财政拨款全口径编入地方部门预算,不足部分,由同级地方财政兜底保障。

利弊分析:该方案实施后有利的是将建立稳定的财务渠道,形成稳定的保障机制,有效解决长期困扰气象部门"公共财政保障不足"的问题。符合气象部门双重领导管理体制的实际,符合当前"保基本、保刚需、保重点"的预算分配原则,有利于预算安排和执行政策标准的统一,有利于财政规范监管。

方案实施的不利因素是因中央与地方预算编制时间不同步,可能会增加一定的工作量。

(二)维持现有管理模式,建立稳定投入增长机制

具体做法:现有的预算管理模式保持不变,各级财政切实加大对气象事业的资金投入力度,积极创造条件支持气象事业发展,建立气象领域可持续的稳定的地方财政投入保障和扶持机制。各级财政要着力重点解决气象职工的有关补贴等福利待遇问题,在国家尚未作出统一规定之前,各级财政比照本地标准先行解决,所需经费由当地政府安排,待国家作出统一规定后再按规定执行;有关住房、医疗和养老等社会保障制度改革,要按照国务院的统一部署进行,对气象部门的职工要与本地其他行业部门的职工一视同仁,并解决其经费来源。发展地方气象事业所需的基本建设投资和事业经费,纳入地方各级人民政府的国民经济和社会发展计划,在安排地方本级财政预算时通盘考虑;对职工的住房、饮水、供电、交通等生活设施建设,地方人民政府统一规划、统筹安排。

利弊分析:该方案实施后,明确了保障范围和增长机制,为气象部门争取地方财政资金提供了明确依据。

但该方案施行的弊端是因没有纳入同级预算单位,保障渠道存在不稳定性,保障资金也存在不确定性,另外不利于财政监督,存在审计风险。

综上,调研组建议:方案(一)既有南京等地的成功实践,更有国家政策依据。采取将气象部门作为同级预算单位,纳入预算管理,有固定的财务渠道,也利于规范管理,进而真正建立健全气象领域可持续的稳定的地方财政投入保障和扶持机制。

关于黄河流域生态保护和高质量发展气象保障的分析及对策建议

王鹏祥 赵国强 郑世林 范学峰 陈 曙 王振亚

(河南省气象局)

习近平总书记2019年9月18日在郑州主持召开黄河流域生态保护和高质量发展座谈会并发表重要讲话,同年12月,对气象工作做出重要指示。习近平总书记擘画了黄河流域生态保护和高质量发展和新时代气象事业发展美好蓝图,为气象保障黄河流域生态保护和高质量发展战略实施提供了根本遵循,赋予了重大责任。

河南省气象局围绕黄河流域生态保护和高质量发展气象保障协同发展开展调研,总结分析发展现状、面临的挑战和机遇及存在的问题,从流域生态修复保护气象保障、气象防灾减灾第一道防线作用发挥、助力流域高质量发展、科技创新和体制机制建设等方面,深入研究并提出建议和措施。

一、发展现状

(一)流域生态气象服务能力逐步提升

生态修复保护气象保障格局初步呈现。上游突出发展了水源涵养生态气象服务、中游汾渭平原突出发展了大气污染防治气象服务、中下游突出发展了水旱防御气象服务、下游突出发展了三角洲湿地生态气象服务。

生态气象业务服务体系逐步建立。黄河流域生态气象要素监测预报、生态质量气象评价、生态系统气象条件影响预评估和风险预警、生态系统气候承载力监测评估业务逐步开展。

(二)黄河安澜气象保障作用有效发挥

气象监测精密度逐步提升。沿黄9省(区)建成新一代天气雷达65部、风廓线雷达24部、国家级高空气象观测站47个、国家级地面气象观测站3359个、省级气象观测站1.6万个、卫星遥感校验站5个。气象预报精准度大幅提高。推进了黄河气旋、台风(含远距离台风)、西南涡、华北低涡等高影响天天气系统移动路径、风、雨等监测预报预警研究型业务,建立了覆盖上下游、干支流、左右岸的智能网格气象预报业务,开展关键水文站点的洪水预报试验,开展了以数字化预报为基础的影响预报和风险预警业务。气象服务精细度显著增强。开发了流域降水监测预报服务、气候监测预报服务、卫星遥感监测服务、气候变化服务等7大类40余种业务服务产品,为黄河流域防汛抗旱、水资源调度和水资源合理开发利用气象服务提供了有力支撑。初步发展了气候容量评估和气候变化对水资源、粮食生产等影响评估业务。流域气象中心职能有效履行。"内联动、外融入""小实体、大网络"的流域气象中心运行机制逐步建立,"党委领导、政府主导、部门联动、社会参与"的气象防灾减灾救灾机制逐步健全;基本建成基于广播、电视、报纸、短信和"两微一端"的传统媒体和新媒体融合的发布体系,实现气象灾害预警信号"全网发布",预警信息覆盖率达95%。

(三)气象助力流域高质量发展能力显著增强

初步形成了上下游特色专业气象服务。上游宁夏枸杞、中游陕西苹果等特色农业气象服务,下游山东海洋气象服务和上游河套灌区、中游汾渭平原、下游黄淮海平原粮食生产气象服务以及中下游综合立体交通枢纽经济气象服务体系等逐步建立。初步探索了"+气象"服务新业态。强化了与农业、生态、交通、旅游、住建、能源等行业部门合作,拓展了专业气象服务领域,初步建立了服务于不同专业领域的观测站网和特色气象服务业务系统。初步构建了"两区""五极"气象服务业务。实施高标准农田气象保障工程,提升了河套灌区、中游汾渭平原、下游黄淮海平原三大粮食主产区气象服务能力;发展了清洁能源开发和西气东输、西电东送运营调度气象服务及中游能源开发区开发气象服务。推进了兰西、关中、中原、山东半岛四大城市群和黄河几字湾都市圈五个增长极气象服务。探索开展了中欧班列等"一带一路"气象服务。

二、机遇与挑战

党中央国务院对气象事业发展提出新要求。习近平总书记指出,气象工作关系生命安全、生产发展、生活富裕、生态良好,做好气象工作意义重大、责任重大,要求发扬优良传统,加快科技创新,做到监测精密、预报精准、服务精细,推动气象事业高质量发展,提高气象服务保障能力。

国家战略实施对气象服务保障提出新需求。面向黄河流域生态保护和高质量发展战略,保障黄河安澜、筑牢黄河生态屏障、实施乡村振兴战略、实现流域高质量发展等为气象服务保障能力提出更高需求。

新发展格局对气象服务保障提出新挑战。加快形成以国内大循环为主体、国内国际双循环相互促进的新发展格局,是根据我国发展阶段、环境、条件变化作出的战略决策,是事关全局的系统性深层次变革,构建新发展格局,给流域气象服务带来新空间和新挑战,要进一步深化流域气象供给侧结构性改革,发展气象服务保障新业态,服务保障流域经济国内国外双循环发展。

科技进步为流域气象事业发展提供新动能。卫星、雷达和智能化监测技术不断创新,监测精密度大幅度提升,数值预报技术和地球系统模式不断改进,预报预警精准度大幅度提高。大数据、云计算、物联网、人工智能和 5G 等信息新技术在气象领域的深入应用,为有效应对气象灾害风险和挑战,提供了新的技术和方法。

流域气象关键核心支撑技术亟待新突破。数值天气预报模式等关键核心技术缺乏,预报核心技术亟待新突破;流域气象监测预报和服务技术尚难满足精密监测、精准预报和精细服务的要求;气象信息化支撑能力不强,人工智能、大数据等新一代信息技术在气象领域的融合应用不够深,依托信息技术发展数字化、智能化、精准化人智协同业务任务艰巨。

三、存在的主要问题

最大矛盾是能力与战略保障需求不适应。上游突出表现为观测站点稀疏、卫星遥感应用能力不足,中游突出表现为山洪地质灾害、水土流失气象服务能力不强和汾渭平原大气污染防治服务能力不足,下游突出表现为大城市、城市群气象服务能力不足。

最大问题是气象科技创新要素不活跃。突出表现为流域气象科技创新整体实力不强,高能级创新平台缺乏;河南、山东气象科技创新能力、创新贡献与 GDP 占比不相称(河南、山东两省 GDP 占流域 64.9%)。

最大挑战是第一道防线作用发挥不够。突出表现为暴雨预报精准度与水文预报需求不相适应;气候预测及气候变化在农业、水利、生态等领域的早期预警能力不足。

最大短板是流域气象信息化程度不高。突出表现为流域部门内外信息共享不够和大数据应用能力不强。

最大弱项是关键核心技术支撑能力不强。突出表现为流域区域数值预报模式、气候与生态耦合模式缺乏和人工智能技术应用不够。

四、有关对策建议

(一)筑牢流域气象防灾减灾第一道防线

聚焦流域源头融雪性洪水、上游宁蒙新悬河洪水、中游中小河流山洪地质灾害和下游"二级悬河"洪水防御,强化桃花汛、伏汛、秋汛和凌汛气象服务,加强上中下游高影响气象灾害气象服务,提升气象灾害风险管理、气象灾害监测预警、预警信息靶向发布和防灾减灾应急联动能力。

(二)服务保障流域生态廊道保护修复

重点围绕生态涵养、荒漠化防治、水土保持、河湖水污染防治、河口生态保护五个功能区生态治理保护修复,提升生态气象监测预报预警、生态气象综合评估预估、生态涵养人工增雨作业和环境污染防治气象服务能力。

(三)服务保障流域经济走廊互联互通

聚焦流域综合立体交通网、流域海陆空"一带一路"国际交通网和流域骨干能源网及数字信息网,提升综合立体交通、流域骨干能源网、流域数字经济和"一带一路"气象保障能力,服务保障流域国内国际双循环新发展格局要素流通。

(四)打造气象助力高质量发展实验区

聚焦流域粮食主产区、能源富集区和上中下游四个城市群、黄河几字湾都市圈及流域乡村振兴等气象服务,提升流域粮食生产、乡村建设行动、大城市城市群、能源产业、旅游等气象服务保障能力。

(五)打造科学应对气候变化试验区

聚焦流域气候变化事实监测评估、流域气候变化影响评估预估、流域区域气候承载力评估预估、流域气候变化应对适应气象服务,强化天气气候机理研究与科学试验,加强气候变化监测预测诊断、气候承载力评估预估和气候变化应对与适应工作。

(六)打造助力流域水资源集约节约利用示范区

聚焦上游三江源"中华水塔"、中游秦岭"中央水塔"水源涵养和下游黄淮海平原农业抗旱和河口三角洲生态保护,提升流域云水资源综合开发、地表水资源调蓄、地下水资源涵养和水资源节约利用服务能力。

(七)构筑黄河气象大数据应用高地

黄河流域生态保护和高质量发展气象保障是一个系统工程,需要深度利用大数据、人工智能等新技术,提升系统性气象保障能力;对接"智慧黄河"大数据中心建设,基于国家超算郑州中心,依托黄河流域气象中心,构筑黄河气象大数据应用高地,形成黄河治理需求的完整数据链,夯实"云＋端"气象信息新业态和"＋气象"服务新业态的大数据基础,全面提升黄河防汛减灾气象大数据支撑能力。

(八)构筑黄河气象科技创新高地

聚焦黄河流域气象科技创新短板,统筹流域气象科技创新资源,抢抓历史机遇,融入黄河实验室建设,打造高能级气象科技创新平台,构筑黄河气象科技创新高地,全面提升流域气象科技创新能力。

(九)探索流域气象事业发展新模式

以战略保障需求为引领,统筹现有资源,优化功能布局,强弱项、补短板,构建气象协调发展、数据信息共享、灾害联防协调、科技创新合作和人才交流培养机制,促进流域四个城市群和一个几字湾都市圈区域内协同发展、上下游协调发展,探索大江大河流域气象事业发展新模式,提高流域一体化服务保障效能。

(十)实施四大攻坚战

实施流域"三精"和气候变化及其应对能力提升攻坚战,促进能力跃升;实施流域科技创新攻坚战,促进技术突破;实施流域"云＋端""＋气象"攻坚战,促进业态变革;实施机制建设攻坚战,提升协同保障效能。

完善生态气候服务体系　提升应对气候变化能力

罗红艳　杨红龙　张　丽

（深圳市国家气候观象台）

一、需求分析

（一）开展生态气候工作是贯彻习近平生态文明思想，在生态文明建设上先行示范的政治责任

党的十九大报告将"坚持人与自然和谐共生"作为新时代坚持和发展中国特色社会主义的基本方略，党中央、国务院印发的《中共中央 国务院关于生态文明体制改革总体方案》《中共中央 国务院关于加快推进生态文明建设的意见》等重要文件和相关部署对气象服务生态文明建设提出了新要求。

10月14日，习近平总书记在深圳经济特区建立40周年庆祝大会上发表重要讲话，明确要求深圳要在生态环境等重点领域先行先试。新时代新使命下，须紧抓"双区驱动"重大历史机遇，厚植生态先行优势，以更高标准、更严要求、更实举措率先打造人与自然和谐共生的美丽中国典范，争当习近平生态文明思想的坚定信仰者、忠实践行者、不懈奋斗者。

（二）开展生态气候服务工作是传承弘扬改革创新精神，完善生态文明制度，落实市政府推动高质量发展的现实要求

深圳市委市政府始终把生态环境保护摆在突出位置，环境质量持续改善，治水取得突破性进展，生态示范创建走在全国前列。深圳将印发《深圳率先打造美丽中国典范规划纲要（2020—2035年）》，明确提出：到2025年，生态环境质量达到国际先进水平，"天蓝水秀、现代宜居"成为美丽深圳生动写照。到2035年，生态环境质量迈进国际一流水平，"绿色繁荣、城美人和"的美丽深圳全面建成。到21世纪中叶，力争实现碳中和，城市生态环境治理范式全球领先，成为竞争力、创新力、影响力卓著的全球生态环境标杆城市。

（三）中国气象局和广东省气象局全力支持深圳气象保障先行示范区，打造一流的国家气候观象台，满足群众优美生态环境需要的初心使命

深圳国家气候观象台于2019年1月正式被定为国家级气候观象台，作为全国24个观象台之一，定位为珠三角经济圈综合环境观测区，代表中国最高级的观测业务。

《粤港澳大湾区气象发展三年行动计划(2020—2022年)》指出要加强大湾区大气科学试验基地建设,提升深圳国家气候观象台城市气候服务能力。《广东省全面推进气象现代化行动计划(2019—2025年)》明确提出:"依托气候观象台、国家气象观测站和试验基地等开展长期定位生态监测。为生态改善、生态修复、生态保护提供科技支撑。"《深圳国家气候观象台建设方案》要求,围绕深圳建设中国特色社会主义先行示范区率先打造人与自然和谐共生的美丽中国典范和应对气候变化的需求,初步建成以珠三角经济圈陆海一体气候高精度立体观测为主要特色,集科学研究平台、开放合作平台和人才培养平台为一体的研究型业务体系。

二、深圳城市生态气候服务现状

(一)基本建立生态气候监测站网

一是依托国家气象观测站、区域自动站和试验基地等开展长期定位气候生态监测,累积了近70年的多要素气候数据,记录全球气候变暖和城市化进程中城市气候环境的变迁。二是开展了不同城市气候带的监测,如岭南丘陵地带、滨海红树林湿地、水库、沿海岛屿等,为城市生态敏感脆弱区域生态环境保护搜集第一手的数据。三是建立了深圳国家气候观象台多尺度观测网,开展近地层垂直加密监测、地面雾霾监测网、大气成分站、多下垫面气象监测、沿海潮位监测、生态保护红线气象监测等多圈层监测体系,形成了高时空分辨率的城市生态气候监测网络。

(二)积极保障城市可持续发展

近年来,深圳市气象局在全市生态文明建设中积极作为,为城市生态环境改善贡献气象智慧,建立了"需求导向、科技支撑、部门合作"的气象保障服务体系。一是在2006年融入深圳市国土空间规划编制,提出了城市坚持组团布局和预留通风廊道等建议。二是推动微气候评估工作纳入《深圳市城市更新单元规划编制技术规定》和《深圳市城市设计标准与准则》。三是在2019年新一轮总规编制中,组织开展开敞空间规划气象专题研究,形成深圳市8(一级)+8(二级)条通风廊道规划图,已纳入了2020—2035年国土空间规划。从规划的层面尽量减少与城市发展伴随的气候环境恶化等"大城市病"。四是助力污染防治攻坚战,开展霾的监测、预报预警和研究,建立了$PM_{2.5}$环境气象指数和臭氧污染气象条件、河流水质降水监测指标、气候舒适度指数和植被生态质量指数等生态监测指标,并开展持续监测和定量化评估,及时提供决策建议,为深圳细颗粒物($PM_{2.5}$)年均值持续下降,达到世界卫生组织第二阶段标准,同时全面消除黑臭水体作出了贡献。

(三)积极保障生态环境保护服务

围绕宜居城市、海绵城市、智慧城市建设等,建立气候效应评估系统,开展了海绵城市建设气候变化和灾害风险评估,积极应对城市热岛效应和城市内涝。2016年开展试点建设以来,市气象局积极融入,围绕需求开展研究和服务。一是修订了暴雨强度公式,并研究提供了不同年径流总量控制率下精细化的分区设计降雨量,二是开展了深圳雨岛分布规律的研究。三是持续开展海绵城市建设热岛效应的监测评估,并组织研究给出了河流流域降水与水质的定量化关系。这些工作为深圳海绵城市建设提供了有力支撑,为深圳在国家海绵城市建设试点绩效评价中名列第一作出了贡献,得到市海绵办的特别感谢。

(四)助力打造深圳国家气候标志

围绕满足人民日益增长的美好生活和优美生态环境的需要,为深圳市美丽中国典范城市建设提供技术支撑,利用深圳市精细化的气候数据协助盐田区、大鹏区成功申办了中国气象局"天然氧吧"气候标志。围绕大鹏半岛生态文明体制改革和东进战略等市政府重大改革事项和发展战略需求,组织对大鹏半岛和坪山区等局地气候环境开展专题评估,并从发展理念、产业优化、基础设施建设等方面提出具体建议,为相关地区改革和发展有效趋利避害提供依据。

三、存在的问题

(一)生态气候观测体系缺乏顶层设计

虽然初步构建了多尺度观测网,开展近地层垂直加密监测、地面雾霾监测网、大气成分站、多下垫面气象监测、沿海潮位监测、生态保护红线气象监测等多圈层监测体系,形成了高时空分辨率的城市生态气候监测网络。但观测体系还是缺乏顶层设计,需要进一步加强部门合作,提高服务效率,逐步形成陆海空天一体化,具有示范作用的观测网。

(二)服务需求调研不充分

目前,深圳市已在生态示范创建方面走在全国前列,未来还要在生态环境等重点领域先行先试。如何更好开展生态气候服务,需要进一步深入到各个部门和各个区调研需求,围绕需要开展服务,为生态环境先行先试贡献气象力量。目前走出去仍然没有有效落实,还停留在口号上,缺少实际行动。

(三)科技创新能力不足、服务产品形式单一

目前,生态气候服务主要以气候为主,气候中心有限人员兼职做生态环境服务,没有形成业务体系,科技人才缺乏,导致服务效果不佳。服务产品以气候为主,缺少生态融合产品,缺少自主研发产品,主要靠引进集成。同时由于对各个区与部门需求调研不充分,服务产品缺少针对性和形式单一。

四、调研建议

(一)加强顶层设计,完善生态气候观测体系

1. 推进生态文明建设气象保障服务体系建设

围绕率先打造美丽中国典范和气候适应性城市,立足生态保护和建设需求,围绕气候资源开发利用、优化国土空间开发格局、生态文明制度建设等,逐步建设"制度建设示范、服务实施示范、科技支撑示范"的气象保障服务制度体系、实施机制、技术模式等,突出城市生态系统服务功能,进一步提升天蓝水秀、现代宜居等气象贡献,建立特色的气象保障服务示范。

2. 开展不同气候带长期生态气候观测

针对珠三角城市群不同的气候特征,开展不同城市气候带划分。在广东省气象局统一部署下,在不同城市气候带建立长期的城市生态观测系统,覆盖高密度城区、公园、水域、河道、山体等城市气候带,开展物候、辐射、大气通量、生物舒适度仪、土壤水分、土壤通量等观测。综合使用激光测风雷达、风廓线雷达、微波辐射计、拉曼雷达和毫米波测云雷达等多种地基遥感设备的组合观测和数据融合获取大气综合多要素垂直廓线数据,完善深圳地区不同生态区垂直风廓线观测,获得生态环境和气象灾害等指标的三维立体监测信息,为珠三角生态与气候服务提供基础支撑。

3. 加强部门合作,打造首个城市生态观测示范,让生态气候走进城市

一是与生态环境局开展共建共享,打造国内首个城市陆海空天一体生态气候监测网,纳入深圳国家气候观象台城市生态观测业务。目前,生态环境局已经在城市生态安全方面,建立"1+4"个生态站组成的观测体系,正在开展生态系统格局监测能力建设、生物多样性观测能力建设、生态系统功能观测能力建设、人居环境适宜性监测能力4方面、18类108项的城市生态监测网。深圳市气象局在城市生态气候方面已经形成多圈层观测网,刚好形成互补,填补国内城市生态监测空白,让生态走进城市。二是联合生态环境局建立首个城市生态气候观测规范与标准。目前,国内还没有城市生态气候观测规划与标准,各个地方都在摸索,根据各自理解和地方特色,建立相关观测与研究。目前,我们已经具备相关观测基础,可以积极形成相关规范与标准,填补相关标准和规范。

(二)深入对接服务需求,扩大生态气候服务产品供给

1. 开展气候资源普查,推动生态气候标志服务

对接市、区服务需求,建立了全方位服务体系。梳理了国家气候标志申报流程,推动、协助各区开展生态气候标志的认证。目前生态气候标志有6类,其中国家级气候标志有4种,分别为国家气象公园、中国天然氧吧、中国气候宜居城市和中国气候好产品,省级气候标志有2种,分别为岭南气候标志和城市生态氧吧。

针对天然氧吧典型区域开展生态气候监测服务，可提供4类22种监测产品，如晨练指数、霉变指数、穿衣指数、城市热岛、旅游指数、舒适度指数、紫外线指数、流感指数、高温热浪指数、暑热压力指数、负氧离子、能见度、霾、污染气象扩散条件等监测。

2. 围绕宜居和海绵城市，开展城市热岛和雨岛评估

结合全市海绵城市建设需求，基于高密度自动气象站数据开展精细化的降雨规律和变化趋势研究，持续开展海绵城市建设重点片区城市热岛的跟踪监测，及时提供相关评估报告和决策建议。通过遍布全市的自动气象监测站点，采集分钟级雨量数据等高时空分辨率气象监测数据，并根据需求提供服务，为海绵城市参建单位测算各种降雨参数提供基础数据支持。通过对全市暴雨及暴雨过程的时空变化特征及其成因进行分析，设计全市各个区不同历时暴雨雨型。

3. 围绕宜居城市，开展生态气候舒适度监测评估

为建设美丽中国典范城市提供支撑，研发生态气候舒适度产品。一是综合考虑生态、气候因素，选取风、热、空气质量、植被和水的生态调节、灾害性天气五大方面指标；二是参照相关标准和技术指南，进一步细化指标分类，优化算法，形成了完整的生态气候宜居评价指标体系；三是通过分项指标可以衡量各区在生态环境、气候因素等各方面的优劣，可为深圳建设生态家居城市提供评价依据。在前期研究基础上，与生态局沟通修改技术标准指标，力争2021年年初发布指标结果开展决策和公众服务。

(三) 推进业务技术科技创新，提升生态气候保障能力

1. 加强空气污染气象条件监测预警能力建设

落实生态环境保护责任清单和全市"污染防治攻坚战"工作任务，基于历史数据统计和数值模式预报，持续开展霾、臭氧和大气扩散条件的监测、预报和风险分析，为空气质量达标提供气象服务。

2. 加强生态气候风险决策服务支撑能力建设

基于重大天气过程历史个例、灾情和实时监测、数值预报等数据建立气象风险大数据基础，围绕重大天气过程前、中、后等不同阶段的气象防灾减灾需求，通过相似分析、阈值体系建设、AI分析、网格预报等技术手段，开发以灾害性天气风险和影响为导向的预估、监测、预报、预警和评估产品。

(四) 围绕气候适应性城市，开展应对气候变化服务评估研究

气候风险和脆弱性综合评估。研究珠三角区域的气候变化和极端气候事件的演变特征，分析快速城市化背景下区域极端天气、气候事件暴露度和脆弱性的演变规律，形成对主要气候敏感行业的气候风险和脆弱性的定量分析。

重点领域气象巨灾情景构建与专项评估。针对高密度城市比较突出的高层楼宇

等问题,开展气象巨灾情景构建工作,研究减轻极端天气、气候事件风险的策略,提出修订与气候变化相适应的城市生命线建设(能源、水利和交通)运行标准建议。

气候变化背景下城市致灾因子变化特征及未来预估。开展气候变化背景下影响深圳地区的气象灾害风险评估,重点开展台风、暴雨、天文大潮以及上游洪水发生联合概率,预估未来气候变化情景下影响这些致灾因子的发生概率及复合极端事件,为城市防洪提出科学合理的稳健应对策略。

我国海洋气象标准制定情况调研报告

李肖霞　赵国强　赵培涛　孙兆滨　张志龙　陈　曦　邹大伟　曹晓钟

（中国气象局气象探测中心）

一、调研情况

2018年3月—2020年10月，中国气象局重点工程项目联合管理办公室组织有关专家采取走访、实地考察、专家座谈相结合的方式，到原国家海洋局（第一研究所、信息中心、技术中心、预报中心、卫星中心）、高校（中国海洋大学、厦门大学、广东海洋大学）、科研院所（中科院大气所、海洋所、沈阳自动化所；中国水产科学研究院东海水产研究所）、海洋相关企业（中电科集团海洋信息技术研究院和27所、中环天仪（天津）气象仪器有限公司、山东省科学院海洋仪器仪表研究所、招商局集团、中国远洋海运集团有限公司、中国海洋石油集团有限公司）以及沿海省（市）气象局等40多家单位进行了深入调研。以期为科学推动海洋气象领域标准制定、助力"海洋气象强国"建设提供技术支撑。

二、我国海洋气象标准发展现状

（一）中国气象局海洋气象标准现状

中国气象局自20世纪60年代起开展海洋气象业务，近年来，随着海洋气象业务不断完善，已发布实施的海洋气象相关领域标准5个，其中国家标准1个、行业标准4个；目前正在立项研究的行业标准23个。

目前已发布实施的5项标准主要包括：陆-气和海-气通量观测规范、船载自动气象站、船舶自动气象观测数据格式、浮标气象观测数据格式、海洋气象观测用自动气象站防护技术指南。

正在立项研究的23个标准涵盖了6个方面：包括气象仪器与观测方法类5个，主要为海洋气象浮标、漂流观测仪和气象观测站建设等方面内容；气象基本信息类4个，主要为船舶气象观测资料BUFR编码、常规气象要素特征值定义、海洋气候数据统计方法和海洋气象数据元；气象防灾减灾类8个，主要为台风、热带气旋、海雾、海洋天气警报和远洋导航等方面内容；气候与气候变化类3个，为厄尔尼诺/拉尼娜事件、台风气候指数和滨海气候资源评价等内容；风能太阳能资源类2个，为海上风能资源遥感调查评估技术规范和海上风电场热带气旋影响评估技术规范;卫星气象与遥感应用类1个,卫星遥感海冰监测产品规范。

(二)原国家海洋局的海洋气象标准现状

近年来,原国家海洋局发布实施海洋气象领域标准41项,其中国家标准17个、行业标准12个,海洋气象观测已废止标准12个。

其主要包括:海洋仪器设备类11个,主要为海洋资料浮标、海洋环境监测浮标、自持式剖面循环探测漂流浮标、海洋水文仪器和船用雷达反射器等方面内容;海洋调查和观测规范类23个,主要为海洋调查规范、海洋观测规范、海洋调查观测监测档案业务规范、船舶海洋水文气象辅助测报规范和海洋站自动化观测通用技术要求方面内容;海洋监测技术类2个,为海洋水文、气象与海冰监测技术规程和海洋环境监测数据量统计规范;海洋术语类3个,分别为海洋学综合术语、海洋观测术语和物理海洋学术语。

(三)其他行业海洋气象相关标准现状

近年来,其他行业发布实施海洋气象行业标准有3项,其中,能源行业1项,为海上风电场风能资源测量及海洋水文观测规范;水利行业1项,为水文自动测报系统技术规范;电力行业1项,为电力工程勘测制图标准第3部分:水文气象。

三、海洋气象标准体系建设面临的机遇和挑战

(一)发展海洋气象事业是履行职责的要求,为制定海洋气象标准提供了基本依据

中国气象局作为国务院气象主管机构,具有"统筹协调全国气象事业的发展"职责,担负着我国陆地和海上气象工作的重要职责,并负责"统一管理全国陆地和海上天气预报警报、气候公报和气候影响评价的发布""组织对重大灾害性天气跨地区、跨部门的气象服务联防"。

(二)加快建设"气象强国"是党中央、国务院的新要求,为海洋气象事业提供了发展动力

中国气象局按照党中央、国务院的决策部署,加快建设气象强国,为经济持续健康发展和社会和谐稳定提供更加有力的气象服务保障。实施的"全球观测、全球预报、全球服务"是加快建设气象强国的有力措施,也为加快制定海洋气象标准提供了难得的发展机遇。

(三)"海洋强国战略"布局实施,为海洋气象业务建设提出了更高的发展要求

中国气象局将建设"海洋气象强国"作为建设我国海洋强国的有机组成部分。十九大报告指出"坚持陆海统筹,加快建设海洋强国";2020年,《中共中央关于制定国民经济和社会发展第十四个五年规划和二〇三五年远景目标的建议》中提出:"加快

壮大海洋装备等产业""坚持陆海统筹,发展海洋经济,建设海洋强国"。海洋气象业务建设体系的完善和建设也是习近平总书记"四个面向"中"面向国家重大需求"的切实需求,因此"海洋强国战略"为海洋气象业务建设提出了更高的发展要求。

(四)"海洋气象保障工程"项目的快速推进和实施,为海洋气象标准体系建设提出了迫切的技术需求

近年来,随着海洋气象领域系列项目的顺利实施,包括南海海洋气象浮标站网建设项目、南海东海海基自动气象观测系统建设项目,特别是海洋气象综合保障一期工程等项目的快速推进,海岛站、锚碇浮标站、石油平台站观测能力显著提升,初步形成了覆盖重点区域和海域的海洋气象综合保障能力,海洋气象观测、装备研发等的保障能力和水平得到空前提升,这也为海洋气象标准体系建设带来了新的实际业务需求,亟须完备的海洋气象标准体系保障海洋气象相关业务的规范完善和顺利推进。

(五)"海洋气象装备"的国产化研发和"海燕计划"等重大科学实验的成功实施,为海洋气象标准体系建设奠定了良好的平台基础

依托中国气象局承担的科技部重大仪器专项"海洋气象漂流观测仪开发及应用",成功研发了我国具有自主知识产权的"漂流观测仪",累计开展9次外海试验共计投放36台设备,在不同海域实测数据对模式、卫星校验等方面积累了大量经验,填补了多个海域我国自主研发的仪器实测数据校验的空白;依托我国自主研制的大型无人机,建立面向气象观测、数值预报、科学研究、社会服务、国际合作等领域需求的创新平台,推进海洋台风观测及预报服务工作,充分发挥了社会经济效益;2018年起,中国气象局启动的基于高空大型无人机的海洋综合气象观测试验("海燕计划")等重大科学试验,尤其是2020年,开展了我国首次高空大型无人机海洋、台风综合观测试验取得圆满成功,填补了基于高空大型无人机开展海洋综合观测的空白,对我国进一步提高台风路径和强度预报准确率、筑牢气象防灾减灾第一道防线具有重要意义。系列"海洋气象装备"的国产化研发和"海燕计划"等重大科学试验的成功实施,为海洋气象标准体系建设提出切实的技术需求,也为海洋气象标准体系建设奠定了良好的平台基础。

四、海洋气象标准体系建设存在问题

(一)海洋气象标准发展起步晚、部分研究进展缓慢,难以满足海洋气象领域高质量发展需求

海洋气象标准体系建设的工作起步相对较晚,直至2011年和2017年才先后发布第1部行业标准和第1部国家标准。目前正在研究的部分标准2007年就已立项,但尚未发布,研究进展相对缓慢。海洋气象标准体系建设工作难以适应海洋气象领

域高质量发展要求。

（二）海洋气象标准多为自下而上的单点式启动，缺乏系统的顶层设计，尚未实现业务链条全覆盖

完备的海洋气象标准体系是需要综合考虑海洋气象观测、预报和服务全业务流程，在做好顶层设计的前提下，开展技术标准体系的需求梳理和标准设计，按照业务发展的需求和轻重缓急，分批启动标准体系建设，并适时更新修订原有标准，逐步完善构建形成完备的海洋气象标准体系。原国家海洋局制定的国家标准由于关注重点与业务需求不同与目前中国气象局海洋气象实际业务存在较大差异。而目前我局"自下而上""单点式"标准立项方式难以实现海洋气象业务中观测、预报、服务等业务链条的全覆盖，如观测业务中的装备研发、科学试验、观测规范、数据传输、数据算法、质量控制、校验评估、产品研发、业务应用等等，因此，亟须系统性顶层设计，从而逐步构建相对完备、业务流程全覆盖的海洋气象标准体系。

（三）海洋气象标准体系建设尚需开展战略性、前瞻性、储备性相关技术标准研发

近年来，"加快壮大海洋装备等产业""坚持陆海统筹，发展海洋经济，建设海洋强国"等要求的提出，对海洋气象领域包括标准体系建设的发展提出了更高的要求，亟须面向国家重大战略服务，提前进行相关战略性、前瞻性和储备性技术标准的研发和布局，推动海洋气象标准化工作的高质量发展。

五、下一步开展海洋气象标准体系构建工作的建议

（一）尽快开展海洋气象标准体系顶层设计

全面调研分析我国已立项研究和发布实施标准，系统梳理存在的薄弱环节；立足新发展阶段、坚持新发展理念、构建新发展格局；坚持"四个面向"，以未来海洋气象业务需求为导向，以科学谋划海洋气象标准体系架构为主线，以"战略规划—前瞻研究—标准制定—规范业务"各环节核心技术攻坚为抓手，尽快开展海洋气象标准体系顶层设计，系统谋划、全面布局，采用自上而下与自下而上相结合的方式，构建和完善全链条的海洋气象标准研究与管理技术体系。

（二）加强前瞻性海洋气象标准储备性技术研究工作

科学技术的发展和进步为海洋气象领域提供了新的发展动力，技术融合和跨界合作为新型海洋气象仪器的研发与大型试验的开展提供了良好契机，也给传统海洋气象观测和业务领域的发展带来了新的挑战。建议全面梳理海洋气象业务和装备研发等领域的重大技术需求，结合新技术、新算法等前沿研究进展，梳理凝练一批具有重大应用前景和未来需求的前瞻性海洋气象标准预研究工作，开展前瞻性和储备性技术研究，推动新型设备研发、新型算法业务化，引领新技术标准。

(三)完善和构建海洋气象业务相关标准体系

结合顶层设计,全面系统梳理需要开展立项研究和发布实施的各项海洋气象标准,按照业务需求的紧迫程度和未来布局的战略需求,对相关标准进行立项和发布需求分析,研判其重要性和迫切性层级,明确其启动和发布的时间次序和重要性等级,制定分步实施和推进计划,按照重要程度和轻重缓急,分批启动和推进海洋气象相关标准的立项研究和发布实施,为海洋气象观测业务流程规范、新型海洋气象装备和算法研发、面向用户需求的产品个性化定制和设计等工作,提供坚实的业务规范指导和技术标准引领支撑。

山东现代港航气象服务需求及现状调研报告

李 刚 丛春华 郭俊建

（山东省气象局）

一、引言

山东是我国东部沿海省份，陆地海岸线总长约 3345 千米，居全国第二，约占全国的 1/6，毗邻海域 15.95 万平方千米，有海岛 589 个、海湾 200 余处，海洋资源优势显著，海洋文化、生物、能源、矿产、旅游等资源富集，海洋资源丰度指数居全国首位，海洋开发利用有显著优势。经济生产的提质增效和安全保障对气象预报与服务需求旺盛。然而，山东地处中纬度，海陆交界下垫面复杂，大风、台风、大雾、强对流等灾害性天气时常发生，致灾性高，有时会严重影响船舶航运和港口作业及工作人员生命财产安全。如何规避灾害性天气影响，提升港口和航运等涉港经济安全系数，对海洋气象服务保障提出了很高的要求。调研组分别于 2020 年 6 月和 8 月前往日照、青岛、东营、烟台四市开展现场座谈和服务企业走访调研。此调研报告内容同时还吸纳了 2018 年 7 月全省海洋气象服务工作座谈会和 2018 年 9 月全省海洋气象工作研讨会的部分内容，结果可以较全面反映出山东省涉港经济对海洋气象服务需求及业务现状。

二、调查结果与分析

（一）山东涉港经济及气象服务需求

1. 山东主要港口经济

山东港口多，呈现"一市一港或一市多港"的布局。青岛港、烟台港、日照港为全国 20 个主要港口之一，威海港、东营港、潍坊港、滨州港为地区性重要港口。目前山东省成为国内唯一拥有 3 个超 4 亿吨海港的省份。不同的经济生产部门因其自身特点对天气要素的敏感度不同，进而对天气预报与服务也呈现出不同的需求。据前期走访调研获知，对天气预报预警服务有迫切需求的涉港经济行业或部门主要是港口装卸作业、港内运输和存放、港内引航作业、客/货和客滚运输航行、临港装备与制造、滨海旅游、海上生产安全保障等。按照生产活动范围一般可分为五类，分别为港内生产、进出港生产、港外生产、临港生产及安全保障与应急，具体经济活动如下表所示。

涉港经济及安全生产类别

港内生产		进出港生产	港外生产	临港生产	安全保障与应急
港口装卸	集装箱码头	船舶进出港	综合物流海运	重化工业	海上搜救
	矿石码头	国际船舶引航	客/车滚装运输	装备制造业	重大活动
	原油码头		国际/内客运	滨海旅游业	近海浒苔等海洋生态污染及修复
	煤炭码头		陆海物流联运	渔业养殖	溢油/泄露等污染应急处置
港口装卸	旅客码头		洲际远洋运输	水上运动	
	散装码头		港外停泊	海上捕捞	
港上输运				海洋能源	
港内停泊				海洋新科技产业	
港内加工					

如上表可见，涉港经济活动工种多，生产场所不同，活动范围不同，载体不同，对天气要素的耐受度和敏感性亦不同，对灾害性天气的承载力和抵抗气象风险的能力存在显著差异，对具体的天气预报与服务的具体要求个性化特征显著。

2. 涉港经济活动对气象的需求

调研组围绕气象因素可能引起的灾害、对天气预报服务内容及服务方式的具体需求，通过用户走访座谈、市局专业台预报员座谈交流及电询，综合梳理出专业海洋气象的需求。

台风：作为一类综合型剧烈灾害性天气，往往会带来大风、暴雨、海浪、涌浪，甚至风暴潮，持续时间一般较长，对涉港生产均能带来不同程度的影响，所以属于共性需求。尤其是对台风的强度、影响区域及具体的风、雨、浪、涌、潮的级别和影响时间，要求精细化预报，且要提前3天给出准确预报。

大风：7级以上大风基本上对港口作业、船舶航行、临港生产活动、滨海旅游、安全保障活动均有不同的影响。不同生产设备和生产活动抗风等级不同，对灾害性天气预警的级别也就不尽相同，如重型塔吊抗风能力强，小型塔吊抗风能力就相对较弱；大型客滚船只抵抗大风的能力强，有的可抵抗10级以上大风，中型及游轮抗风能力相对弱一些，7级风就有可能影响到正常航行。所以涉港经济活动对风速的预报要求就是要时间上尽可能精细，预报量级上尽可能准确，对预报的提前量要求也不尽相同，港口作业对短临预报预警需求更为迫切，航运则需要提前给出预报，以便安排航行作业。海上石油开采同样也需要提前给出灾害性天气的预报,提前做好安全生产。与大风相联系的海浪和涌浪对涉港经济生产也会带来不同程度的影响,因此对海浪和涌浪预报预警的需求也很迫切。

海雾:海雾作为一种视觉障碍现象,对非自动化作业涉港经济生产活动影响较大,尤其是低于500米的大雾天气,严重影响港口及周边涉港生产,易引发安全事故。需要在短时临近时间内给出大雾的精准预报,包括大雾的起止时间及持续时间,用于涉港作业的临时调度。

强对流:强对流天气一般伴有短时大风、雷电或冰雹,历时虽短,但对涉港作业危害大,尤其是10级以上短时大风,对塔吊作业、航运、引航等可造成重大伤亡或损失。要求气象部门及时提供短临预报和预警,避免灾害损失。

降水:降水对海盐生产影响比较大,气温在一定程度上也影响近岸海温,进而对近岸海水养殖业造成影响,提前预报出降水过程或海温异常,可以帮助养殖户避开危险期投放或收晒生产,在一定程度上避免损失。

精准:精细化、准确率要求没有上限,越精细、越准确、提前量越早越好,但每个生产部门可以根据自身生产特点,提出底线需求,这一点目前的气象预报与服务基本上都能满足。

服务方式:服务方式要求也是紧跟通信科技发展,一般都提出建设专业用户服务网站、手机 APP 等。

具体需求如下表所示。

具体生产活动或部门对气象预报服务需求

	气象因素可能引起的灾害	天气预报服务需求	服务方式
港口 装卸作业港内运输港内存放	1. 大风:平均风力达 6 级及以上或阵风风力达 7 级及以上的天气影响塔吊稳定性。 2. 大雾能见度低 1 千米影响港内装卸运输。 3. 短时间内的强降水影响散装货物堆存放:如 1 小时降雨量 16 毫米及以上,或连续 12 小时降雨(雪)量 30 毫米(6 毫米)及以上,或连续 24 小时降雨(雪)量 50 毫米(10 毫米)及以上的天气。 4. 雷电影响港内安全生产。 5. 台风带来的大风、巨浪、涌浪影响港口设施和作业安全。 6. 气温:超过 32℃/低于 -5℃	1. 台风:短中期预报。 2. 大风:短期和短时临近预报。 3. 大雾:短临预报。 4. 降水:短临、短期和中期预报。 5. 关注灾害性天气的精细化预报	定点预报;专用网页;手机 APP;短信提醒或电话通知预警

续表

		气象因素可能引起的灾害	天气预报服务需求	服务方式
海运	客滚运输	船舶抗风等级分大于7级或大于8级。 1. 7级以上的大风天气对其航行存在安全隐患。 2. 能见度低于500米对其出入港口时有影响，海上航行基本上影响不大。 3. 强对流天气对航行有影响	1. 航线上分段风速精细化预报及大风起止时间和持续时间。 2. 强对流短期内潜势预报和短临预警。 3. 大雾起止时间及持续时间预报。 4. 台风路径、强度及风雨影响预报	航线预报；专用网页；手机APP；短信提醒或电话通知预警；海洋广播电台
	大型游轮（客运）	1. 抗风级别一般在8级以上，沿海或远洋航行。8级以上大风对其航行有一定风险。 2. 能见度、降水、强对流等对其进出当地港口及港口装卸		
	大型货运	1. 抗风级别一般在10级以上，沿海或远洋航行。10级以上大风对其航行有一定风险。 2. 能见度、降水、强对流等对其进出当地港口及港口装卸		
	中小型散装货运	抗风等级小，7级以上大风、中等降水、大雾、强对流等灾害性天气对其航行及出港有影响		航线和指定海域预报；专用网页；手机APP；短信提醒或电话通知预警
引航		1. 航海域的天空状况、风、大雾等天气的精细化预报服务，将有助于引航站的有效监管，对确保威海海域的引航安全起到重要作用。 2. 平均风力大于7级或能见度低于1千米即对船舶引航影响显著，平均风力大于9级能见度小于0.5千米即对船舶引航造成严重影响。 3. 台风、强对流等影响港口整体作业	引航海域精细化天气预报包括大风、能见度、强对流、台风等	定点港口内海域预报；专用网页；手机APP；短信提醒或电话通知预警
临港生产	海带养殖	1. 水温高易出病灾，水温低发育慢。 2. 寡照不利育苗。 3. 降水不利晾晒和成色。 4. 强风对育苗棚及幼苗投放的影响大	中长期预报；短临预报；短期预报	定点海域预报；手机APP；短信提醒或电话通知预警
	海盐生产	1. 主要是降水造成的原盐稀释，影响盐业生产。 2. 大风或低温天气，会损坏设备，不易实施塑苫	降水、大风和低温短期预报；降水提前3小时的短临预报	定点预报；手机APP；短信提醒或电话通知预警

续表

		气象因素可能引起的灾害	天气预报服务需求	服务方式
海上搜救与打捞	安全	实施海上搜救或打捞时的天气状况，涉及直升机作业和人员营救，大风、能见度、强对流、台风、降水等都会对相关作业造成不利影响	天气实况；短临预报	定点预报；手机 APP；短信提醒或电话通知预警

（二）当前涉港气象服务开展情况

1. 服务对象

目前山东省气象台负责对外发布责任海区天气预报,时间和空间分辨率尚不能满足具体的涉海生产活动的需求;目前正在试运行智能网格预报,期望能为精细化海域气象预报与服务提供基础支撑。

7个沿海市气象局依据属地化服务原则针对本地市需求强烈的涉海生产部门或单位开展了相应的专业海洋气象服务。已经开展的服务对象汇总如下表所示,山东省沿海7地市已经与相关部门或单位开展了卓有成效的专业服务业务,相对于山东当前涉海经济活动发展现状,我们仍有比较多的服务空白有待拓展。

山东开展专业海洋气象服务对象

类别地市	港口	引航	航运	重化工	渔业	水上运动	滨海旅游	安全生产
青岛	√	√	√	√	√	√	√	√
烟台	√		√		√			
威海	√	√			√			
日照	√					√		
东营			√	√			√	
滨州				√			√	
潍坊	√		√	√			√	

2. 服务内容

沿海7地市在开展专业化海洋气象服务的过程中积极与用户进行需求对接和服务方式方法及具体内容的探索,根据不同专业用户,对用户关注的主要气象要素如风向风速、能见度、降水、气温等进行预报服务,特别是针对7级以上大风、大雾、强降水、强对流、台风等灾害性天气进行跟踪预报服务,做到中短期有预报和短时临近预警。

预报服务产品基本内容可以分为三类,一是每日三次的中短期1~7天天空状况、风向及风速等级、降水量级、气温;二是不定时的短时临近预警服务产品内容,包括大风、大雾、霜冻、冰雹、雷电、寒潮、暴雪、暴雨、台风等14类灾害性天气预警等级、影响时间及可能造成的影响和防范措施;三是网格化预报服务产品,青岛、烟台和威海 3 市基于数值天气预报产品开发了网格化港口预报和航线预报服务产品,空间分辨率为 5 千米×5 千米。

服务产品形式主要是根据用户需求分为定点预报、定线预报和海域预报,定点预报如港口、牧场、旅游景点、石油平台、盐场等;定线预报如航线预报;海域预报如安全生产、海水养殖、水上运动等。

服务内容基本满足各专业用户的基本需求,而更精更准更早的预报服务能力尚需我们继续努力。

3. 服务手段

基于海洋气象服务对象的特殊化,在海上尤其是远海作业的船只接收信息受限,目前传统的服务手段如传真电话、海洋广播电台依然发挥着重要的作用。而对于近海和近岸的部门,互联网正在成为海洋气象服务的主要载体,专业服务网站、手机 APP 等专业化的可移动用户终端成为海洋气象专业服务主要手段,沿海 7 地市均根据用户开展了"互联网+"的服务模式。

山东省建立了"政府主导,部门联动"的海洋气象灾害防御机制,充分发挥石岛海洋气象广播电台预警发布作用,每天 4 次向公众广播各海区天气预报及预警信息,被纳入省政府海上安全生产组织体系。研发的全国首个智能海洋气象预警建有 GPS 卫星定位和海区图,图形化显示,能实时接收台站发布的预警信息,也能通过点击屏幕获得想了解的海区天气信息,并配有语音播报,有效地解决了海上信息传输难题。实现人机交互功能,随时查询各远海海区预报,为海上安全生产提供气象保障。

4. 服务标准建设

结合涉港生产需求,联合涉海部门加强了海洋气象行业服务规范和标准建设,共发布 5 项标准(其中行标 1 项、地标 4 项),包括《船舶引航气象条件等级》(QX/T 333—2016)、《船舶引航气象服务规范》(DB 37/T 2685—2015)、《海水养殖气象服务刺参》(DB 37/T 3050—2017)、《港口作业气象服务》(DB 37/T 3548—2019)、《专业气象服务规范-海盐生产塑苦工艺》(DB 37/T 3049—2017)等海洋气象行业标准为重点,实现服务过程和服务产品系统化、规范化和科学化。

5. 服务满意度和效益

精细化的海洋气象预报服务,为涉港公司合理安排港口、航班、渔业生产提供了科学的参考依据,有效地减少了因灾害性天气而导致的安全事故。在确保安全生产的同时,也为涉港公司有效增加生产作业时间、显著提高经济效益,提供了极大的帮助。通过日常业务沟通交流和发放满意度调查问卷的形式,获得海洋气象服务满意度资料,均在 90% 以上,2019 年年终评价是"2019 年未出现气象灾害导致的生产事故"。在一定程度上反映出海洋气象专业服务的经济效益还是比较显著的,专业用户的认可度高。

（三）存在的问题

1. 对内

沿海地市局均有相应的海洋气象服务业务，但存在预报服务人员有限、科技研发能力不足、科研成果集成低、服务效率不高等问题。如何有效组织省—市预报与服务骨干共同研发，形成集"前线服务和需求反馈、后台集中研发、省—市互动、高速互联网＋"的研发服务团队，形成科技支撑和科技服务合力，综合提升全省海洋气象预报与服务水平，也是一个需要深入思考和践行的问题。

沿岸海区观测站观测要素不全，近海和远海观测资料匮乏，海洋气象观测实况对海洋灾害性天气预报技术总结、海洋天气规律的认识及预报服务产品的验证支撑能力不足，很大程度上制约了海洋气象服务的外延和发展。需要在今后的建设规划中统筹谋划，合理升级或增设具有代表性的海洋气象综合观测站。

2. 对外

预报服务能力满足涉港经济生产的基本需求，服务产品的精细化水平、准确率和预报提前量等距离用户的理想要求还有较大差距，如具体行业具体天气要素风险阈值及服务产品针对性不强、短期预报准确率偏低、短时预报预警时效短。如何进一步提高海洋预报的精细化水平和预报预警准确率，尤其是大风、海雾、强对流等的精细化预报水平，在确保准确率的情况下适当延长预报预警时效是当前亟待解决的科学技术问题。

不同生产单位和部门对气象要素敏感度不同，同等气象要素造成的生产风险亦不相同，具体生产部门需要我们对具体天气要素预报做进一步诠释和风险评估，即做基于影响的预报服务。但受限于人才和技术发展，目前的服务产品主要以天气要素预报值为主，缺少基于具体生产部门的风险评估，距离生产部门的这个要求也相差一步。如何围绕不同行业需求，开发针对性的基于影响的气象服务产品，提高我们专业气象服务的针对性也是一个需要逐步推进的问题。

3. 部门合作和联动机制仍需进一步推进和加强

青岛、烟台、威海等沿海市气象局已经和涉海部门形成联动联防机制，省气象局也和省海事局建立合作共享机制，并取得比较好的服务效益。在山东海洋经济快速发展过程中，新服务合作需求不断涌现，多部门信息资源的共享以及互联互通预警联动机制需不断适应新常态，加强部门合作，共建共享保障体系，对满足新服务合作需求具有重要意义。

（四）近期重点工作思考和建议

1. 加强海洋气象综合观测和分析能力建设

针对海洋气象预报服务需要，以海洋气象综合二期建设内容为重点，要完善岸基、海基观测，补充垂直探测，完善海上气象和海面要素标准站的建设。与国家气象信息中心合作,加快引进和发展观测数据质量控制、卫星资料反演、多源数据融合分析等,为海洋灾害性天气研究、预报和服务业务提供支撑。

2. 加强现代海洋气象预报预测能力和海洋智能网格业务建设

以数值预报及其产品释用为主线,以各类高影响天气客观化预报技术研发为核心,集合省市业务研发骨干,形成研发合力,加强海洋气象灾害性天气的监测与短临预警能力。

山东省气象台正在积极推进海洋气象智能网格业务体系建设,拟建立沿海及近海责任海域0~12小时最高时空分辨率分别为5千米×5千米和1小时、12~240小时最高时空分辨率分别为5千米×5千米和3小时的洋面风、海表温度、能见度、海上天气、海浪等海洋气象"全省一张网"网格预报业务,建成分辨率为沿海和近海5千米×5千米、远洋服务海区10千米×10千米、重点服务海区1千米×1千米的山东海洋气象要素智能网格产品。

3. 进一步加强现代海洋气象服务能力建设

省—市海洋气象部门联合,依据最新发展需求,增强海洋气象服务的针对性,拓宽海洋气象服务领域,进一步提升海洋气象服务保障能力。省海洋气象台牵头,联合沿海各市气象台,本着共性服务,全省一盘棋,地方特色服务,省—市分工合作;省—市联合,省级海洋气象台牵头做好后台的技术支撑,以市级海洋气象台为主,主攻前端服务;基于海洋气象智能网格业务和海洋气象服务特色需求,统筹共建山东海洋气象专业专项服务"1+7"集约化体系。

加快推进山东海洋气象智能网格监测与预报子系统以及海上交通、山东港口群、渔业安全生产、海洋生态、海上搜救、水上运动等7个服务子系统建设。

与生态旅游气象服务相关的标准和业务规范等现状分析和改进建议

王秀荣　王立声　于　涵　陈青昊　王宪彬　赵　嵘　范晓青　詹　璐

（中国气象局公共气象服务中心）

一、目前和生态服务工作有关的气象标准调查分析

（一）目前和生态服务工作有关的气象标准概况

截至2020年12月，现有气象国家标准194项，其中和生态旅游气象服务相关的国家标准有98项；气象行业标准531项，其中和生态旅游气象服务相关的有122项；气象地方标准691项，其中和生态旅游气象服务相关较大的有154项；中国气象服务协会团体标准有19项，其中和生态旅游气象服务相关较大的有8项。

（二）相关国标、行标标龄小，近几年进入快速发展期

现行与生态旅游气象服务相关的国标标龄平均为3.15年，行标标龄平均为4.34年，地标标龄平均为6.94年。截至2019年11月标龄超过5年的国标有17项，行标有36项，分别占总数的18%和32%。其余部分标龄均不足5年，说明相关国标和行标大部分标准的标龄比较小。近几年相关标准进入了快速发展时期。最早实施的年份国标为2006年、行标为2005年、地标为2003年。相关国家标准主要在2017年、2018年开始实施；2017年开始，中国气象局加快了标准的制修订步伐，同时先后有20项原来的行业标准上升为国家标准，导致2017、2018两年实施的国标显著增多。在有行标上升为国标的前提下，相关行业标准近几年实施的数目仍旧呈增多趋势，2019年突破20；相关的气象地标近几年实施保持相对稳定状态。

（三）相关地方气象标准分布不均衡

截至2020年12月，有29个省（自治区、直辖市）制定了与生态旅游气象服务相关的地方标准，其中辽宁、四川、贵州三个省份颁布标准分别有26、14、10项。吉林、内蒙古、新疆、青海、重庆、贵州、陕西、山西、湖北、湖南、安徽、甘肃等12个省（自治区、直辖市）颁布了5~10项地方标准。其他省份颁布的相关标准少于5项。很多沿海经济发达省份例如山东、江苏、浙江、广东和广西等省（自治区）现在实施的相关标准都只有1~2项。由此可见，地方对于生态旅游相关标准的需求量很大，但各地对

于生态气象服务的标准需求的强度不一或者是标准制定积极性参差不齐。

(四)中国气象服务协会团体标准取得长足进步

中国气象局关于贯彻落实国务院《深化标准化工作改革方案》的实施意见(气发〔2015〕71号)中对团体标准的发展提出两个支持的方针,"十三五"气象标准体系框架将团体标准纳入其中,这些政策促进了团体标准的发展。截至2020年12月,气象服务协会共发布19项团体标准,其中在生态旅游气象服务方面,中国气象服务协会共发布了《气象旅游资源分类与编码》《气象旅游资源评价》《天然氧吧评价指标》等8项团体标准。可见协会团体组织在促进气象与生态旅游的融合发展方面重视度和服务力度均较高。

二、和生态旅游气象服务工作有关的气象标准分类分析

依据标准内容属性和应用方向不同,将与生态旅游气象服务工作有关的气象标准分为5大类:生态气象定义类、生态气象观测类、生态旅游气象预报类、生态旅游评估类、生态旅游服务类,分别有27、105、20、144和92项。有关生态评估类的标准项目最多,预报类和基础类别的标准项目明显偏少;且在评估类和服务类别中,现有地标累计数量均明显高于其他分类,也明显高于国标和行标。这种现象一方面反映了在特色生态资源评价及其服务方面的地方需求旺盛,另一方面体现了地方政府对标准化工作重视程度高,将标准化工作上升到地方经济发展的战略层面。

三、和生态旅游气象服务工作有关的标准存在问题分析

(一)相关标准化程度与经济社会发展的需求存在较大差距

已有标准还远远不能满足生态旅游市场需求。在梳理出来的众多标准中,大多数标准与生态气象旅游服务有相关性或者为其做支撑,直接用于生态旅游气象服务业务中的标准较少,主要有国标4项、行标19项、团标8项、地标22项。随着生态旅游市场规模持续扩大和生态旅游产品体系不断丰富,现有相关气象标准已经远远不能满足对特色生态旅游景区、特色生态旅游产品精细化、专业化服务的要求,针对性更强的一些标准等需要不断补充完善。

直接满足人民群众对高品质生态旅游服务需求的标准严重缺乏。近年来,旅游生态资源与养老、养生、运动、康体、休闲等概念相结合的趋势日益凸显。但现有与生态旅游相关的气象标准建设参差不齐,有关气象生态旅游的管理规范和标准更是十分不完善,亟须相关生态旅游气象品牌建设等标准的出台实施。

(二)尚未形成生态旅游气象服务标准体系

针对生态旅游气象服务标准的分类体系和框架还没有出台,相关标准制定缺乏统一规范和设计。

观测类标准:需要掌握生态环境内各类气象相关要素的表现特征。近年来,各地相继开展了一些生态气象观测,但多限于当地自我服务满足,缺乏可以推广应用的观测技术或设备的规范或标准,且针对生态观测的指标非常少,如针对各种植物生态指数、各类观赏花期物候观测、环境气候舒适度及有关雪深、雪质等的各种专项生态观测等观测技术或设备标准。

预报类标准:相关标准数目少。气象部门已经开展了一些生态气象指数预报服务,例如花期预报,日出、云海、雾凇等旅游气象资源预报,大气含氧量预报和观鸥等特色生态旅游资源类型的预报,但预报类别还是很少,且缺乏相关的生态气象预报类的气象标准。

服务和评估类标准:一是工作流程类标准不全面;二是缺乏生态系统服务效益评估的标准。生态旅游气象服务中已有相关的效益评估研究,但缺乏相关标准建设。

(三)基础性研究不深入,科学性有待进一步提升

评价指标考虑不全,如空气质量预报由于2006年发布实施,其预报内容为SO_2、NO_2、PM_{10}等主要污染物浓度和污染指数,然而细颗粒物$PM_{2.5}$由于粒径小、面积大、活性强、易附带有毒和有害物质,对人体健康和空气质量影响很大,也是造成空气污染的重要污染物。除了$PM_{2.5}$,污染物CO和O_3也没考虑其中。

评价方法过多,缺乏统一规范,如《植被生态质量气象评价指数》标准评价气象条件对植被生态质量的影响,计算润湿指数时潜在蒸散量推荐了3种计算方法,计算NPP(植被净第一性生产力指数)也推荐了3种计算方法,不同的方法必然引起不同的评价结果。

评估指标划分较粗糙,以人居环境气候舒适度评价(GB/T 27963—2011)为例,其气候舒适度划分为寒冷、冷、舒适、热、闷热5个等级。在实际工作中发现,气候舒适度在生态旅游地气候评估工作中起着重要作用,5个等级对于评估工作显得粗糙单薄。再以度假气候指数(HCI)为例,度假气候指数(HCI)由热舒适因子(TC,主要为温湿指数)、审美因子(A,主要为云观赏度)、物理因子(P,主要为降水条件)按照不同权重构成。由于适游期的长短对旅游资源实体的等级评定有较大的影响,而我国幅员辽阔,气候资源复杂多样,各项指标应该建立在对我国各区域旅游舒适度的整体认识基础上,同时气候的稀缺性也应该考虑其中,以便为旅游的时间、空间选择提供决策支持,也具有更强的实践意义。

标准评估方法缺乏科学机理性研究。目前很多标准的指标选取及阈值设置等多由专家经验来设置,具有较强的主观性,多缺乏一些生态影响等机理研究。例如负氧离子观测,虽然有了观测规范和浓度等级等相关标准,但实际工作中,发现不同观测设备和观测地点采样资料难以横向比较,导致各种观测数据与研究结果难以准确定

量进行比较。

(四)标准化协作力度有待进一步加强

生态旅游资源有关标准的需求和建设可能会涉及环境、林业、旅游、健康等多个不同行业领域,目前的生态旅游气象服务标准工作与旅游、生态环境、农林等相关行业的协作沟通严重不足;另外,各行业都在定各自的相关标准,存在多头组织、多头制定、多头管理的问题,缺乏部门之间的协调。在气象系统内部,国家、省、市、县各级气象部门上下互动不足,同类型不同层级的标准中,在内容、范围、要求等方面也存在差异。在生态旅游气象服务各业务领域之间,标准制定方面统筹不足,进展不一,协同推进不足。

四、和生态旅游气象服务有关的气象标准改进措施建议

(一)科学制定发展生态旅游气象服务标准体系

一是从顶层部署推动实施标准化战略,提高全社会对生态旅游气象服务标准工作的支持力度。有关管理部门对相关标准的需求、应用和效益开展调研,按照市场或社会需求,定期或非定期增加指令性、指导性标准制定项目,定期或非定期梳理已有标准,统筹规划全行业标准化发展,全面提升领域标准化水平。二是从领域、类别和层级3个维度构建科学合理的生态旅游气象服务相关标准体系,加快完善生态旅游气象服务标准体系建设。三是处理好国标、行标、团标和地标之间的关系。出台相关的国家标准和行业标准,提高标准的普适性、指导性;并充分考虑不同地区、不同行业的实际情况,鼓励地方和团体制定比国标或行标更加严格的地标和团标。

(二)及时推进各类标准制修订以适应经济社会发展

及时制定、修订相关标准,尽快满足形势发展的需要。建立以生态旅游市场需求为导向,以规范生态旅游气象服务市场秩序和提高服务质量为目的,重点突破,加强亟须解决的如特色气候资源挖掘和评价等标准体系建设。

(三)加强基础性标准建设相关技术研究

首先要加强对生态旅游气象服务标准基础理论的研究,特别是针对影响气候、环境和旅游的各类指标和因子的相关特性和作用机理研究,将最新研究成果加入标准的制定修订中。加大对不同观测手段和监测技术的研究,加强观测,夯实观测数据支撑基础。其次,加大与其他行业部门针对生态旅游气象服务标准化工作的合作和交流力度,特别需要注重与自然资源、生态环境、交通、健康、旅游等关联行业的技术交流和资源共享,积极推动生态旅游气象服务跨行业标准的制定和实施。

(四)加强对已有成熟生态旅游气象服务标准的贯彻执行

要将标准化工作进一步落到实处,还需各级领导干部、管理人员和业务科技人员牢固树立标准化理念,切实从思想上重视、从行动上落实,真正把标准化工作纳入日常工作体系,发挥好标准化工作的支撑保障作用。同时,在标准实施过程中要开展相关的调研工作,倾听旅游者和地方政府的意见和建议,不断发现问题,提高气象标准和气象行业的贯彻执行。

加强气象党建品牌建设　推动党建和业务深度融合的研究

刘正会

（内蒙古呼伦贝尔市气象局）

一、开展调研情况

一是深入实地调查研究。调研组针对气象部门推进党建与业务融合发展、如何强化"智慧气象　服务先锋"气象党建品牌建设等相关问题，深入扎兰屯市气象局、阿荣旗气象局、莫旗气象局、陈旗气象局、小二沟气象站等地开展了走访调研，与所在地的党支部委员、党员共50余人进行了座谈交流；在气象台支部、气象灾害防御中心支部、局机关支部、核算中心支部、执法队支部开展调研。

二是在工作中征求意见。在起草"让党中央放心、让人民群众满意的模范机关"实施方案、全面从严治党工作要点、"十四五"气象事业发展规划、2020年目标管理实施方案等重要文件过程中，广泛征求党建与业务融合的意见建议。

二、推进党建与业务融合存在的难点和问题

（一）思想认识上，对党建与业务融合的高度不够

从调研的情况分析，气象部门基层领导班子和普通党员虽然对党建与业务相互融合关系的认识有提高，但有的还没有从根本上确切理解党建与业务的关系。一是没有从党的政治建设、思想建设、组织建设、作风和纪律及制度建设的高度认识和理解党建与业务融合的问题。二是对于党建和业务为什么融合、怎么融合的问题缺乏系统性思考，更没有整体性谋划。三是把党建和党务工作混为一谈，认为党务不直接从事业务，多数是安排工作和布置任务，行政属性浓厚，需要花费时间，影响业务开展。

（二）工作实践中，推动党建与业务融合找不准抓手

由于思想认识高度不够，对推动党建与业务融合工作的思考和研究不够，不会找抓手。客观上，一是业务工作任务重，压力大，时间和精力有限，对待党建和业务容易"一手硬、一手软"；二是来自部门上级党组织和地方党组织双重的事务性的日常工作任务较多，而且要求不一，尤其在基层，在没有专职党务干部的情况下，支部委员疲于

应对各类考核检查,难以再腾出足够的时间和精力去研究、思考如何推进党建与业务融合,找不准推进党建与业务融合的切入点和着力点。

(三)推进过程中,强化党建与业务融合的能力欠缺

一是推动党建与业务融合发展的能力不足。多数党务工作者经验积累不丰富,与抓业务工作的能力相比,抓党建工作底气不足。二是推进党建工作的组织制度落实不到位。从调研了解的情况分析,多数党务工作者在推进党建工作中不善于发挥和应用党内组织制度的优势,不善于做政治工作。

三、对气象部门推进党建与业务融合发展的思考与建议

(一)推进党的政治建设与责任落实深度融合行动,筑牢思想根基

加强政治建设。增强"四个意识"、坚定"四个自信"、做到"两个维护"。从政治层面上衡量业务发展方向,在认真研究后付诸实践,真正体现气象业务发展价值。按照党中央统一部署,将"不忘初心、牢记使命"主题教育常态化,主动接受教育,改造主观世界。通过讲党课、党员主题活动日、重温入党誓词等活动仪式载体,引导党员干部守初心、担使命,找差距、抓落实,推动知行合一。

强化理论武装。用理论学习强化政治本领,自觉加强对习近平新时代中国特色社会主义思想的学习,把学习作为一种政治责任、一种精神追求和一种思想境界,用学习克服"本领恐慌",明确年度学习清单和逐月学习进度清单,按"清单"逐项推进。充分利用"学习强国"学习平台和气象部门媒体、网络,创新学习形式,提升学习效果。继续着力打造"道德讲堂"品牌,有针对性地开展形势政策教育。将党章党规党纪与习近平新时代中国特色社会主义思想的理论精髓融入日常业务管理工作中,从中汲取智慧,寻找业务管理良方。

严明纪律建设。认真开展气象部门党风廉政宣传教育月活动。强化对领导干部、关键岗位、重点人员的警示教育。建立健全财务管理、公务接待、差旅报销等重点领域风险隐患排查长效机制。引导党员干部牢固树立规矩意识、红线意识,自觉做到心有所畏、言有所戒、行有所止。严格落实《中国共产党重大事项请示报告条例》《呼伦贝尔市气象局工作规则》,认真执行上下班制度、请销假制度及会议纪律等各项纪律要求。

(二)推动党的政治建设与科学管理深度融合行动,提升业务管理实效

纵向管理向综合管理转变。各级领导干部切实落实一岗双责,履行党建主体责任,有效促进党建与业务工作同频共振。党员领导干部用党建工作带动业务工作,层层抓落实,细化工作责任台账,做到人人有责。管理是提高效率的手段,关键是过程,核心是人。党建工作不仅是领导干部的工作,而是全体党员共同的工作,部门联动、积极配合,打破部门墙、岗位墙,以服务需求为导向,牢记职责,快速高效完成各项工

作任务。

传统管理向创新管理转变。党建的科学管理应加强信息化建设,信息化建设不仅要求掌握复印、扫描、图文编辑、电子邮件、多媒体系统使用等信息化知识和技术,更要求资源的整合,例如各种信息库的建立及更新,使各旗市党建工作形成信息资料的整合,节省上级检查工作时间,同时避免因为材料太多查找困难和丢失等问题,真正能够通过信息化建设掌握一系列的资料,实现资源的共享,减少对资料的重复收集,提高资源的利用率,减少工作量,提高工作效率,对于创新工作方式,提高工作科学化水平具有重要意义,是更好地服务于党建工作、加强党的执政能力建设的需要。

(三)推动党的政治建设与业务考核深度融合行动,提升考核指挥棒作用

建立科学考核指标体系。严格考核方式,综合运用考核结果,党建工作与业务工作同考核考评,着力解决部分单位重业务轻党建的问题。各单位同步制定业务目标和党建工作考核办法,细化考核内容和方式方法,设计考核指标,平时分段考核,全年综合评定,做到全面、科学、统一。考核考评工作同步进行,推行"积分制"管理,实行党员年度业务与党务"双考双评",对单位和干部职工开展年度目标管理考评时,同步考评年度党建工作和党员年度积分,目前《呼伦贝尔市气象局党员积分制考核管理工作制度(试行)》已印发实施。

提升考核指挥棒作用。考核考评工作要与上级业务通报、奖励相结合,与目标管理部门考评相一致,与党员职工民主测评相印证;基层党组织、党员考核与业务考核结果要同步运用、互占权重,既看单位和个人的业绩表现,又看基层党组织和党员的作用发挥情况,考核结果与奖惩挂钩,与年度评先评优挂钩,与目标奖励挂钩,与干部推荐、晋升职称挂钩,与外出培训、学习考察挂钩。

(四)推动党的政治建设与项目建设深度融合行动,提升项目建设质效

加强规划引领。突出党的政治建设引领全局、服务项目建设的作用,在项目建设规划中注重需求引领,充分考虑我市防灾减灾的实际需要,充分论证项目建设必要性和可行性,按照适度超前、分步实施、量力而行、重点保障的要求,合理确定建设目标,坚决杜绝搞脱离实际的"形象工程""面子工程"。

严格过程管理和效益评估。项目建设确有必要、建设规模合理、资金来源有保障且前置审批已落实的项目,要抓紧组织实施,有序推进,严格项目建设管理和监督,确保建设进度和质量。对已完成项目及时验收并开展效益评估,对验收合格项目尽早投入业务应用,确保更快更好地发挥效益。

完善风险防范机制。坚持问题导向,围绕项目建设重点环节,动态排查、整改廉政风险和隐患,对项目建设管理监督中的薄弱环节及时堵漏补缺,健全廉政风险防控机制,推升项目建设崇廉政、拒腐蚀的能力。加快推进全市气象部门政务公开,推动气象服务、行政审批向规范有序、公开透明、便民高效转变。

（五）推动党的政治建设与科技创新深度融合行动，提升创新发展能力

做好创新工作培育。坚持融合创新，以党建为统领激发创新动能，以创新为保障推动气象现代化发展和研究型业务，紧密结合云计算、智能化、大数据等先进信息技术，加快提升气象信息基础设施水平，支撑气象预报服务向智能化发展，提高气象信息服务供给能力。

推进自动化观测业务。围绕基层观测自动化、推进山水林田湖草生命共同体生态观测系统、自动报警等方面业务需求，激发基层党员创新活力，联合社会力量开展高寒地区气象观测设备试验以及大豆、马铃薯、小麦和人工牧草等大宗作物和牧草的气象观测试验，探索针对气象要素、天气现象、灾害性天气等方面的智能观测模式及数据产品融合应用技术。

推进智能网格预报业务。开展客观方法、多源数据分析应用、卫星遥感应用等关键技术和人工智能技术气象应用研究，开展市旗一体化短临监测预警技术研究、智能网格要素协同技术研究，实现市旗两级短时临近预报预警业务衔接有序、上下联动、产品协同一致、实时共享。

推进智慧气象服务业务。基于呼伦贝尔气象微信公众号、"决策气象服务"和"智慧农业气象"手机APP等平台，试验开展涵盖公众精细化天气预报、决策气象服务、农牧业、交通旅游等方面的智慧气象服务，进一步研发气象服务产品智能制作和按需推送技术，实现服务产品按需生产、智能制作、精准推送，体现"智慧气象 服务先锋"气象党建品牌效应。

推进信息化管理业务。按照集约化发展要求，以高质高效的气象信息传输系统为基础，全面建立支撑"云＋端"的气象云基础能力。基于大数据云平台，加快构建气象"云＋端"业务服务新模式，打造主动防控、共治共用的网络安全体系。

扩大生态气象服务供给。逐步拓宽生态气象服务领域，开展气象灾害对我市生态环境影响的监测预警服务。组织申报创建国家天然氧吧、气象公园，助创生态旅游品牌。建立呼伦湖湿地、大兴安岭森林、呼伦贝尔草原等典型生态系统的监测评价预警机制，创新生态保护气象服务。

（六）推动党的政治建设与人才培养深度融合行动，提升干部队伍素质

突出政治标准。在酝酿提名、培养选拔、推荐评优过程中突出看业务人员政治忠诚、政治定力、政治担当、政治能力、政治自律，将政治标准贯穿到人才培养选拔评优各环节、全过程，对政治不合格的"一票否决"，切实把紧把严政治标准这个培养选拔评优"硬杠杠"。坚持把功夫下在平时，全方位、多角度、立体式了解业务人员现实表现，把对党忠诚、党和人民真正需要的优秀业务人员选出来、推出去、培养起来。

注重培养教育。围绕建党99周年、新中国气象事业70周年、第十四届全国冬季运动会等重要节点，加强党史、国史、改革开放史和气象事业发展史学习教育。开展

全市气象部门业务技能大比武、业务质量大比拼、岗位能力大练兵等活动,提升培养气象业务人员的专业素质,通过树立身边的先进典型,营造干事创业的氛围。

发挥先锋模范作用。将党的政治建设与日常业务管理相结合,将强化"智慧气象服务先锋"气象党建品牌建设贯穿于每次气象服务过程。在疫情防控、森林草原防火、汛期气象服务、"三农"气象服务、生态文明建设气象保障服务、气象现代化建设等业务服务的管理中突出发挥党支部的战斗堡垒作用和党员先锋模范作用,充分发挥和激励模范团队、先锋岗等基层党组织和党员示范引领作用,做到"关键岗位有党员、困难面前有党员、突击攻关有党员"。

关于江苏气象部门贯彻落实《江苏省气象灾害防御条例》情况的调研报告

杨金彪　韩正国　魏祥年　李　宁　王尧均

（江苏省气象局）

一、调研过程与方法

通过各市气象局自查分析和总结、发放《江苏省气象灾害防御条例》（以下简称《条例》）落实情况调查表，调查了解各地探测环境保护、气象预报服务、气象社会管理以及事业经费保障等工作情况。选择了部分有代表性的市、县等进行实地考察调研，召开了相关部门参加的座谈会，深入讨论《条例》落实情况，对其他市、县有关情况也分别进行了电话访问。

二、《条例》发布以来气象工作落实情况

（一）双重计划财务体制落实情况

2006年《条例》颁布实施，当年地方财政保障经费为3726.5万元，其中省级1600万元、市级1415万元、县级711.5万元。当年气象科技服务毛收入30739.1万元，其中省级4122.1万元、市级11644.4万元、县级14972.6万元。至2014年年末，气象科技服务毛收入84213.52万元，其中省级5784.18万元、市级43179.81万元、县级35249.53万元，见下表。2015年根据国家和江苏省行政审批制度改革要求，江苏省气象部门行政审批事项涉及的收费项目先后全部取消，气象科技服务收费呈现断崖式下滑。依靠气象科技服务收入弥补气象事业发展经费不足的模式难以为继。

2014—2016年和2019年气象科技服务毛收入情况（单位：万元）

年份	小计	省级	市级	县级
2014	84213.52	5784.18	43179.81	35249.53
2015	58446.21	5190.21	26571.25	26684.75
2016	30769.36	3238.14	12455.41	15075.81
2019	19325.72	10336.61	6352.25	2636.86

为了保障江苏省气象事业健康发展，2015年根据江苏省政府和中国气象局省部联

席会议有关精神,经省政府同意,省财政厅和江苏省气象局联合下发《关于做好新常态下地方气象事业经费保障工作的通知》(苏财农〔2015〕131号,以下简称"131号文件"),就落实市、县两级气象事业费和地方津补贴等,提出明确要求。131号文件下发后,对于提高市、县两级公共财政保障水平起到较大的促进作用,见下表。

2015—2019年地方公共财政保障情况(单位:万元)

年份	小计	省级	市级	县级
2015	13607.8	4700	5890.83	3016.98
2016	24423.1	6450	10259.27	7713.79
2017	30102.2	6450	12478.40	11173.76
2018	34065.1	6800	13417.37	13847.69
2019	41048.8	7000	15216.78	18832

131号文件出台后,江苏省气象部门公共财政保障状况虽然得到了明显改善,但仍存在较大的资金缺口,累计约1.02亿元,主要表现在投入运行的"十二五"及"十三五"业务建设项目的维持费以及省市县出台的绩效奖励、地方改革性津补贴等。

(二)气象防灾减灾工作进展情况

1. 气象灾害造成的损失

据民政、农业、应急等部门不完全统计,每年因不同气象灾害造成的人员、财产损失巨大,见下表。

2007—2019年江苏省洪涝灾害损失情况

年份	暴雨洪涝的直接经济损失(亿元)	农田受灾面积(万公顷)	直接损失总和(亿元)	因灾死亡人口(人)
2007	37.456	264.14	48.3556	130
2008	6.7555	65.2779	80.4877	106
2009	5.9147	67.5415	23.645	66
2010	28.2307	56.3807	40.6879	46
2011	15.5727	151.411	49.7384	29
2012	39.6407	69.1637	90.6698	42
2013	2.754	73.8259	19.8081	6
2014	0.8572	26.3452	7.5386	3
2015	38.0073	40.7254	57.3981	20
2016	40.0387	9.9348	92.9577	127
2017	2.2406	7.27956	5.1037	44
2018	10.8082	49.6171	27.6161	16
2019	5.2339	31.9546	8.359	8

2. 气象主管机构会同有关部门建立各项机制情况

灾害防御部门联动机制：与14个部门签订预警服务协议，与水利、农业、环保等26个部门建立气象灾害防御联络员制度。依托突发事件预警信息发布系统，构建了覆盖全省的灾害预警系统，重大气象灾害预警信息发布时效不断提升。

交通：与江苏高速公路控股有限公司共同建设了全省高速公路沿线气象监测网，平均间距10千米，与江苏海事局共同建设长江航道气象监测网，平均间距20千米。

农业：建立了智慧农业气象服务平台，建立小麦分蘖期适宜度指数等25种农业气象格点化定量预报服务产品；与农险办、保险企业联合开展农业大灾保险、天气指数保险服务，联合研发天气指数保险产品44项。拓展服务领域，建立了68个特色种养殖气象服务专家联盟，推广特色农业气象适用技术64项。

健康：与省疾控中心建立了人体健康气象影响联合研究机制，共同开展气象环境影响人体健康研究，建立了健康气象服务指数，对公众开展预报预警服务。

生态：建成了全省空气污染气象条件预报预警业务系统。与生态环境部门建立联合会商预警机制和应急联动机制，联合开展空气质量预报和重污染天气预警。

3. 公众气象预报和灾害性天气警报发布

公众气象服务：拓宽服务渠道，打造全媒体气象信息传播平台。服务渠道从2006年以报纸、声讯电话、电视天气预报、气象短信为主逐步发展到当前包括传统媒体和新媒体，微博、微信、网站、客户端等多渠道联动的形式，第一时间权威发布各类预报预警信息。全国公众气象服务满意度调查中，江苏省自2010年84.0分稳步提升，2019年为90.0分。打造"江苏气象微博发布厅"，形成省市县气象微博矩阵。全省开通气象官方微博79个，关注粉丝640多万人。江苏气象微博2014年起连续五年被《人民日报》和新浪评为"全国十大气象系统微博"，最高排名位居全国第三，以及"江苏十大政务机构微博"，最高排名位居省级机关第一。

气象灾害预警发布：气象灾害预警信息通过短信、微博、微信、传真、大喇叭、显示屏等15类渠道一键式发布，扩充了预警短信发布渠道，包括12379短信、10658气象服务短信、全国三网发布、绿色通道等渠道。

人工影响天气作业：初步形成全省人影物联网监控体系，实现本省作业弹药管理、作业信息实时监控采集。制定了涵盖作业单位、作业点、作业装备、应急预案等人影业务制度规范体系；51个单位获作业资格认定；2014年完成全省人影火箭架智能化改造；2018年建成省级人影专用仓库；全省标准化作业点比例超80%。

（三）气象探测设施建设情况

全省现有70个国家级气象台站，其中国家基准观测站3个、国家基本气象观测站21个、国家气象观测站46个。

在《条例》的支持下，地方气象事业快速发展，至2019年年底，全省布设各类自动气象观测站1875个,较2006年增加5倍。特别是新增海上观测平台8个、湖面平台8个,公路交通站368个,风廓线雷达23部等,相继建设了南京、苏北强对流天气X波段雷达观测网,对于提高预报准确率、防灾减灾服务保障发挥了重要作用。

气象探测环境保护取得一定成绩,2006年环境评估平均得分80.4分,位列全国第13名,2019年提升至89.1分,位列全国前列。

2006年以来因城市建设或环境恶化造成55个站(占全部站点的78%)被迫迁移,年均迁站3.9个,远高于国家迁站标准(年均3%以下),部分台站迁站周期达到10年以下,严重影响观测数据的连续性。

(四)气象探测环境保护专项规划编制情况

从2010年开始,江苏省大力推进观测站《气象探测环境保护专项规划》的编制工作,并列入年度工作目标考核。但由于城市建设、规划调整等原因,仍有少数地方政府不同意编制《气象探测环境保护专项规划》。到2019年年底,仍有9个国家站、4个雷达站等未完成规划编制工作或未颁布实施。

三、调研中发现的突出问题

法治建设是气象依法发展的根本保障。一些地方法治建设意识不强、法律意识淡薄,对气象法律法规缺乏学习和了解。气象部门部分人员不知道应用法治手段促进气象事业发展,遇到问题束手束脚,不知如何应对。气象法制宣传不够,一些部门、人员由于不了解气象法律法规,忽视气象工作要求,对部分气象工作不够重视,致使一些工作难以落实。

(一)气象灾害防御规划落实不够

《条例》要求"气象主管机构和有关部门应当根据本级人民政府的气象灾害防御规划和气象灾害应急预案,制定部门气象灾害应急预案"。省气象局按照规定已经编制两轮气象灾害防御规划,但省政府未正式印发,另有19个设区市、县气象主管机构未由政府印发。应急预案除一个县由气象部门印发,其他均由政府印发。

(二)防雷安全监管存在薄弱环节

防雷重点单位安全检查比较全面扎实,有计划、有督查,防雷安全监管体系基本形成。但对防雷中介服务单位监管较为乏力,一些单位不按时提交年度报告、检测报告,超资质检测、违法分包、恶意竞争等行为时有发生。省级气象主管机构会同发改、住建、水利、环保等部门和单位建立了防雷管理工作协调机制,但工作开展不够,还没有形成完善的齐抓共管工作机制,不能较好地满足全省防雷安全监管工作的需求。

(三)台站观测环境保护压力仍然较大

由城市建设、重大规划引发的观测环境破坏,气象观测站被迫搬迁的现象未被完全止住。全省有气象主管机构的省市县三级仅有8个县(区)局进入当地规委会,部分会以规划调整时通知气象部门列席。环境保护标准报备工作开展不规范,有45个气象主管机构未按要求及时报备保护规划。

(四)专业气象灾害防御设施维持困难

专业气象灾害防御设施建设取得一定进展,但存在保护、维护较为困难,如55个水上专用防灾设施,2007年起陆续建成并投入使用,但是由于没有专项经费支撑,得不到有效维护和更新换代,有些已经被拆除;一些电子显示屏、大喇叭等气象预警发布设施也存在维持经费不足、维护不够,而导致不能正常发挥作用。

(五)气候可行性论证工作管理未能跟上

近几年气候可行性论证工作进展较大,特别是党的十八大以来,重视生态文明建设,江苏省近半数城市规划经过论证或者包涵气候专章。目前全省158个开发区已在不同程度地推进区域气候可行性论证,已有9个开发区完成论证报告。但气候可行性论证管理未能跟上,《条例》规定的发改委与气象部门联合制定的《气候可行性论证管理办法》未印发,需要开展的论证项目和流程未明确。

(六)地方气象事业经费保障不足

地方财政实现全口径预算的有南京、南通以及苏州市部分区、站等,其他均以一定数额财政补助或者预算批复的形式给予支持,项目维持、地方绩效奖励、津补贴等缺口达到9818.21万元。省级(含机关、直属事业单位)缺口达到2116万元。2019年全省有17个区县地方财政投入低于百万元。部分地方以财政补贴包干等形式不分经费使用用途,给各级气象部门造成较大困扰,也面临较大的审计风险。

四、对策与建议

一是加强气象法治建设,依法发展。要充分发挥法治建设的推动作用,加强气象法律法规宣传,按照《法治政府建设实施纲要(2015—2020)》要求,利用现有的气象法律法规,通过普法宣传和执法检查,不断推进气象法治建设,将气象业务、服务和管理等各项工作纳入法治化轨道,推进气象事业依法、科学发展。增强各级人大政府对气象工作的关注程度,取得各级人大、政府大力支持。加强气象法律法规落实情况考核,以考核促落实,以法治建设推动江苏气象高质量发展。

二是抓住制约气象发展的重点和难点。在推进气象现代化发展工作中,要以《条例》为依据,充分发挥气象部门垂直管理及双重管理优势,上下联动,左右借鉴,集中解决气象工作的重点难点问题。如在解决发展经费方面,按照《条例》要求,"将气象灾害防御工作纳入本地区国民经济和社会发展规划,将地方气象事业基本建设投资和地方气象事业所需经费纳入本级地方财政预算",以满足气象事业发展经费需求,确保气象事业可持续发展。建议各地推广南京、南通、苏州等地模式,在基本不增加地方财政总体负担的情况下，通过调经费、保结构等形式来妥善解决当前存在的经费保障问题。

三是充分发挥人大、政府领导作用。气象部门虽以垂直管理为主，但工作在地方、服务在地方，气象工作的发展离不开地方各级政府的支持。气象部门必须深入研究地方气象服务需求，以保障地方经济发展为工作目标，不断提高服务意识和能力，同时要加强与地方政府汇报、交流，充分发挥地方政府领导作用。如2020年省政府印发的《关于推进气象事业高质量发展的意见》（苏政发〔2020〕81号），是江苏省委、省政府落实习近平总书记对气象工作重要指示的扎实举措之一，该文必将对推动江苏气象事业高质量发展起到重要作用。

四是建立与相关部门协调工作机制。气象工作涉及千家万户、各个行业，加强与有关部门的沟通与联系，建立联合工作机制，通过与多部门建立联合发展中心、联席会议制度、联合执法检查等，助力气象工作。如在防雷安全监管方面，应积极发挥政府及相关部门优势，成立防雷管理联络工作组，建立常态化的部门联席会议制度，形成齐抓共管工作的局面，弥补气象部门防雷管理力量不足、监管乏力、不能形成有效威慑等短板。

广东省气象局"基层研究型业务建设"专题深调研报告

熊亚丽　李春梅　赵小伟　黄仪虹　蔡　晶

（广东省气象局）

根据《中共广东省气象局党组关于印发〈关于围绕学习贯彻党的十九届四中全会精神开展"深调研"工作方案〉的通知》（粤气党组〔2020〕30号）的统一部署，省气象局组成了熊亚丽副局长牵头，预报处、服务监督处、监网处、财务处和人事处相关人员参与的调研组，于2020年6—9月先后实地调研了汕头、潮州、韶关、东莞、揭阳、梅州、河源7市气象局，书面调研了省内18个市气象局和31个县气象局，通过听取汇报、座谈交流、实地查看和问卷调查等方式，"线上"和"线下"同步了解广东省基层气象部门研究型业务建设基础、现状、面临的困难以及需要上级气象部门提供的支持，形成报告建议。

一、基本情况

2019年全国气象局长会议明确提出要发展研究型业务，并将广东确定为首批试点省份之一，要求广东以精细服务为重点，推动全省市县建立各具特色的基层研究型业务。为落实好中国气象局关于研究型业务的总体目标和具体部署，高质量推进研究型业务建设试点工作，广东省气象局采取多项措施，充分发挥基层气象部门在推进研究型业务建设工作中的作用。一是加强组织领导；二是做好顶层设计，制定了《广东省气象局2020年研究型业务建设实施方案》；三是实施一市一策，要求地市级气象部门分别制定本市的研究型业务建设实施方案；四是加强落实督办；五是完善体制机制，修订了《创新团队管理办法》。

二、主要进展

经调研，各地市级气象部门均高度重视研究型业务建设工作，成立了一把手为组长的研究型业务建设领导小组，能够认真落实省局关于研究型业务建设工作的总体部署，积极完善配套措施、健全保障机制、强化人才队伍建设，在推进监测精密、预报精准、服务精细等方面均开展了大量工作，取得较为明显的成效。

一是立足本地需求，推进精密监测业务建设。广州市气象局组织了超大城市综合气象观测试验和智慧城市气象观测试验,开展不同波段雷达的协同观测应用研究,提升了相控阵雷达数据质量。深圳市气象局开展了智慧城市气象观测与服务试点,形成了覆盖粤港澳地区、水平分辨率1千米、垂直分辨率0.1千米的精细化立体实况分析资料。佛山市气象局建设了"城市精细化短时强天气监测预警系统"和"龙卷风灾害监测系统",实现对雷暴单体等天气的立体化监测和智能化告警;建成了由X波段天气雷达、风廓线雷达和激光雷达组成的雷达立体监测网,雷达空间分辨率达30米,时间分辨率达30秒,具备了灾害性天气、短时强对流天气和生态气象的多种天气监测能力。

二是结合优势领域,推进精准预报业务建设。广州市气象局初步建成市区一体化短临监测预警平台,研发了晴空辐射气温订正工具箱,开展了预报业务全流程主客观检验,初步开发了延伸期镇街预报、集合预报、概率预报等产品。深圳市气象局研究人工智能临近降雨预报、雷暴尺度集合预报技术,改进了相关预报方法。肇庆市气象局开展西江流域浓雾和致洪暴雨预报预警技术研究,建立了天气学概念模型。河源市气象局制定了连续性致洪暴雨指标;建设了水库精细化气象预报预警服务平台,开发了"河源气象智能机器人"。

三是服务地方发展,推进精细服务业务建设。广州市气象局发展城市内涝专业气象服务技术,实现了可基于GRAPES 1千米降水产品直接生成内涝气象预警短信开展服务。东莞市气象局建立了内涝积水历史数据库,初步建成内涝气象风险监测预警平台。中山市气象局完成"防雷安全信息化监管平台"建设,成功打造中山气象(防雷)安全信息化监管"一张网"。珠海市气象局围绕港珠澳大桥建设开展了气象保障服务。

四是完善体制机制,激发科技人才创新活力。广州市气象局设立了研究型业务工作站,印发了《广州市气象局研究型业务工作站管理细则》;开展了直属单位岗位职责再造工作。潮州市气象局完成了《科学技术研究项目管理办法》的修订工作。清远、潮州、惠州、湛江等市气象局出台或修订了《科技创新团队管理办法》。河源、云浮市气象局印发了《建立专业技术总师制度的实施办法(试行)》和《首席气象专家管理实施细则(试行)》。茂名、汕头市气象局分别与广东海洋大学海洋与气象学院、汕头大学签订了局校合作协议。

五是强化人才培养,夯实研究型业务发展基础。佛山市气象局每年选拔4名优秀业务人员到中科院大气物理研究所、热带所、省气象台等单位学习交流。潮州市气象局出台了《潮州市气象部门县级综合气象业务技术带头人培养措施》,推进"市局有正研,县局有高工"工作目标的落实。肇庆、江门、茂名、揭阳、湛江等市气象局组织开展了市县业务科技人员交流。广州、佛山、东莞、中山、肇庆、惠州、江门、汕尾等市气象局计划或已经组建本单位的业务科技创新团队。

三、成功经验

（一）广州建设研究型业务工作站结硕果

广州市气象局2019年开始在直属单位市气象台建立研究型业务工作站，试行预报员班下科研机制，将个人科研进站情况纳入目标绩效考核，鼓励预报员结合业务开展科研。2020年印发了《广州市气象局研究型业务工作站管理细则》（穗气〔2020〕86号），进一步规范化了科研进站工作。研究型业务工作站建立以来，已有50人次共进站133个月，在强对流监测、精细化预报和专业气象服务等方面取得了丰硕成果。一是强对流监测预警技术方面，开展了相控阵雷达定量降水估测技术研究和应用，实现了30分钟更新的多雷达三维风场反演实时业务化运行。二是精细化预报技术方面，构建了短临集合预报产品，研发了短期定量降水集合预报概率产品、晴空辐射气温订正工具箱和广州"雨窝"雨量订正工具箱，初步建立主客观预报检验平台。三是专业气象服务方面，围绕航运服务研发能见度和大风预报技术，得到了广州港能见度预报算法，实现了风场的精细化预报；基于机器学习的1～10天空气质量集成预报模型研发及业务化模块设计，开发了广州市未来1～10天逐日污染物浓度及空气质量指数预报产品。

（二）佛山发展龙卷研究型业务见成效

围绕本地多发的龙卷灾害，佛山市气象局以龙卷为抓手，大力发展中小尺度灾害性天气监测、预警等研究型业务，成立了全国第一个龙卷研究机构，建成了龙卷等中小尺度天气雷达监测网，成立了龙卷灾害调查队并开展了49次灾情调查，建立了龙卷个例库并参与龙卷强度定级国标编制，培养打造了一批优秀的龙卷业务科技人才，两次提前30分钟以上成功发布龙卷预警。2019年龙卷研究团体被佛山市总工会授予"佛山市劳模和工匠人才创新工作室"、2020年被广东省总工会女职工委员会评为"广东省女职工创新工作室"示范点、2020年7月获佛山市直机关岗位创新类大赛第三名、9月获省市直机关"先锋杯"岗位创新大赛第四名。

四、主要问题

经调研组多渠道调研，归纳整理后发现，基层气象部门在推进研究型业务建设中存在的困难主要集中在关键技术支撑不足、体制机制不够完善、业务科技基础薄弱、人才队伍实力不足等方面，54个单位和422位个人参与的问卷调查结果同样反映了以上问题，具体分析如下。

一是本地化的技术支撑有待加强。本地化技术成果较少，参与问卷调查的单位中，2018年以来开发本地化预报预警技术和产品数量为0的单位占总数44.4%；数量为1～5个的占总数51.9%；数量为6～10个的占总数3.7%；数量超过10个的为

0。科研成果转化率不高,参与问卷调查的单位中,2016年以来本单位业务技术人员主持开展的气象科研项目,研究成果成功应用于业务比例超过60%以上的单位仅占总数11.1%,成果应用比例低于40%的单位占总数57.4%。参与问卷调查的个人中,主持开展的科研项目成果成功应用于业务比例低于40%的个人占总数62.4%,成果应用比例超过60%的仅占总数21%,认为其目前开展的研究工作对本部门业务有一定促进作用但不明显的个人占总数52.9%,认为没有任何帮助的占总数4.3%。

二是相关配套制度措施还不完善。激励措施需要进一步完善,科研业务人员的积极性还没有充分激发。参与问卷调查的个人中,把激励措施不足列为其不愿意从事研究工作的主要原因的个人占总数21.2%;将职称晋升、绩效奖励列为其愿意从事研究工作主要原因的个人分别占总数62.9%和19.5%;认为本单位研究型业务管理工作需要在完善激励措施、完善保障制度方面进一步提升的个人分别占总数57.3%和51.9%。岗位设置需要进一步优化,运行机制、岗位流程优化等工作还需不断探索完善。参与问卷调查的单位中,认为人手不足是本部门推进研究型业务建设工作遇到的主要困难之一的单位占总数81.5%;可以为业务技术人员安排工作时间总量25%以上用于研究工作的单位仅占总数2%,为业务技术人员安排用于研究工作的时间低于工作时间总量5%的单位占总数38.9%。参与问卷调查的个人中,将工作任务繁重列为其从事研究工作中主要困难的个人占总数70%;认为本单位的研究型业务管理工作需要在保障研究时间、人员岗位设置方面进一步提升的个人分别占总数60.9%和48.1%。

三是研究型业务科技基础比较弱。大部分市局研究型业务科技基础较为薄弱,高水平业务科技人才较少,业务科技人员在研究资源、技能、经验等方面与省局人员相比存在明显不足。参与问卷调查的单位中,认为推进研究型业务建设工作遇到的主要困难为团队缺乏经验、科研资源不足、缺少高层次人才的单位分别占总数90.7%、83.3%和83.3%,认为推进研究型业务建设工作需要上级单位在研究资源支持、研究经验指导、研究技能培训方面给予支持的单位分别占总数96.3%、92.6%和92.6%。参与问卷调查的个人中,将理论知识不足、科研资源不足、缺乏团队支持、缺乏科学方法列为其从事研究工作中主要困难的个人分别占总数68.6%、66.2%、56.2%和50.5%。

四是科技人才队伍整体水平不高。人才层次方面,参与问卷调查的单位中,业务技术人员具备中级以上技术职称的比例超过60%的单位仅有13%。参与问卷调查的个人中,具有研究生学历的仅占总数12.3%,职称在中级以下的占总数49.1%。研究能力方面,参与问卷调查个人中,将科研能力不足列为不愿意从事研究工作主要原因的个人占总数51.4%;不掌握任何计算机编程语言的个人占总数54.5%,掌握两种或两种以上计算机语言的个人占总数13.5%;不掌握任何科学类绘图软件的个人占总数29.6%,掌握超过一种科学类绘图软件的个人仅占总数23.7%;无科研工作经历的个人占总数50.2%;工作以来主持开展的气象科研项目数量为1到3个的个人占总数61.4%,未主持开展过气象科研项目的个人占总数19%;工作以来未以第一作者发表过气象科技论文的个人占总数20%,发表气象科技论文4篇以上的个人仅占总数31%。

五、对策建议

一是完善相关体制机制。强化政策落实,特别是围绕着《中共广东省气象局党组关于进一步激励气象科技人才创新发展的若干措施》,加紧制定具体的、可操作的科技创新实施办法或激励措施。加大科研投入力度,完善科学项目管理,强化科研人员绩效考核评价机制,注重人才代表性成果的转化效益。结合事业单位分类改革工作,探索在各市气象局成立科研机构,针对地方需求增加业务、科研、成果转化应用等多重职责,促进人员在业务与科研上的多岗位锻炼。进一步深入推进业务技术体制改革,优化岗位设置和业务流程,调整市县气象业务服务布局,将共性普适性业务向上集约,个性特色化服务向下转移,技术研发和产品制作向省级集约,产品应用和气象服务向市县级转移,提升基层气象工作效率和创造活力。

二是加强人才队伍建设。加强科技创新团队管理,通过新修订《广东省气象局科技创新团队管理办法》的实施,鼓励市县业务科技人才加入科技创新团队参与重点领域业务科技难题和关键技术攻关,为市县业务科技人员的实践成长搭建平台,提升基层研究型业务建设能力。加强新时代气象高层次科技创新人才梯队建设,特别是围绕粤东西北优秀人才、县级气象业务技术带头人选拔培养,壮大基层气象部门科技创新力量。继续深入推进研究型业务试点业务与科研双向交流工作,大力培育复合型高素质的业务科技人才;进一步加强基层气象部门参与的业务培训、技术总结和经验交流,夯实基层业务科技人员的业务基础,使之掌握常用研究方法和技能,了解科技发展前沿的新技术、新方法、新手段,提升其灾害性天气气候科学分析、多源资料综合应用以及对数值预报的解释应用和订正等方面的研究能力,逐步增强基层业务科技人员开展研究型业务的能力。

三是加强对基层的指导。进一步加强研究型业务培训,在业务体制改革、岗位职责优化、人才队伍建设、建立保障制度等方面给予基层气象部门更加有力的指导,帮助基层气象部门理顺推进研究型业务关键环节。结合《广东省气象局新时代气象高层次科技创新人才梯队建设方案》的实施,探索建立专家定向帮扶制度,选拔一批有较深学术造诣和较高专业水平的气象领军人才,结合领军人才专长和基层气象部门研究型业务发展方向,在研究资源、技能、经验等方面给予基层气象部门一对一的指导帮助,促进基层气象部门研究型业务建设支撑能力的快速提升。

关于气象助力生态涵养区旅游发展的调研

杨 宁 刘力威 佘 峰 张春香 白 韧

（北京市怀柔区气象局）

旅游是人民生活水平提高的一个重要指标，已成为新时期人民群众美好生活和精神文明需求的重要内容。进入大众旅游时代以来，旅游需求持续旺盛，旅游消费加快升级，旅游空间不断拓展。生态涵养区是新版北京城市总体规划明确的市域空间的重要组成部分，是城市的"大氧吧"和"后花园"。生态涵养区丰富的历史文化景区、美丽的自然山水、特有的气候资源，吸引了众多游客。据统计，2016年，北京全市民俗游接待游客2297.4万人次，实现收入14.4亿元，同比分别增长7.4%和11.7%。门头沟、平谷、怀柔、密云、延庆五大生态涵养区旅游环境建设加快，吸引了大批游客前往，民俗旅游接待游客1817.5万人次，实现收入11.9亿元，分别占全市民俗旅游接待人次和总收入的79.1%和83.1%，成为首都市民休闲旅游的首选目的地。随着旅游行业的蓬勃发展，文化旅游、观光旅游、休闲旅游、康养旅游、乡村旅游等新业态逐渐兴起，旅游行业游客数量增加，旅游企业、行管部门、游客等个性化需求提升，为旅游气象服务提出了挑战，旅游气象服务的提质增效研究亟待开展。以怀柔区为代表，通过实地走访、座谈交流、发放调查问卷等方式深入了解旅游部门和景区企业的气象服务需求情况，准确把握气象服务的切入点，有针对性地提供精细化服务产品，提高服务的敏锐性和前瞻性，充分发挥"旅游+气象"的服务能力，助力生态涵养区旅游产业发展。

一、研究区域概况

（一）地理范围

怀柔地处北京市东北部，位于东经116°17′~116°63′，北纬40°41′~41°4′之间。全区总面积2123平方千米。怀柔区南邻顺义区，西南为昌平区，西是延庆区，东邻密云区，西北至东北部，分别与河北省赤城县、丰宁县和滦平县接壤。以著名的万里长城为界，怀柔北依群山，南偎平原，层次鲜明地分为深山、浅山、平原三类不同地区，山区面积占总面积的88.7%，境内地势南低北高，海拔高度在34~1661米，北部山区属燕山支脉，南部平川属华北平原，位于喇叭沟门满族乡的南猴顶山，海拔1705米，为全区第一高峰。怀柔区内不仅山地广大，而且河泉众多，水源丰富，水质优良，有属于潮白河、北运河两个水系的白河、汤河、天河、琉璃河、怀沙河、怀九河、雁栖河、白浪河等4级以上河流17条。

(二)旅游资源概况

怀柔区拥有丰富的旅游资源,拥有高端会议游、影视体验游、乡村休闲游、生态度假游等一系列特色旅游品牌,据统计,区内现有国家AAAAA级旅游景区1个,AAAA级旅游景区4个,AAA级旅游景区10余个。《怀柔区统计年鉴》资料显示:2006—2015年,全区综合旅游收入从10亿元,增加至50亿元,增幅远远超过其他行业,2017年旅游接待人数已达678万人次,怀柔旅游行业发展势头强劲,全区旅游业呈现出规模壮大、后劲增强、提质增效的良好态势。怀柔旅游目的地不仅吸引北京周边的游客,也在逐渐吸引来自北京之外的游客,如上海、广东和浙江等。近几年来富有传统特色的渔阳龙狮文化节、敛巧饭文化节等特色民俗活动,也越来越多吸引了周边游客。笔者根据景区特色,将怀柔区主要旅游资源划分为历史人文景区、自然资源景区、会议会展旅游三类。

1. 历史人文景区

怀柔境内的长城是万里长城北京段最为精华的区段之一,辖区内总长度约65.4千米,是内外长城交汇之地,两类长城(双边垛口与单边垛口)分界之所,明代三镇长城汇集于箭扣长城的北京结,著名的慕田峪长城是国家AAAAA级景区。

千年古刹红螺寺位于怀柔区城北4千米,景区总面积8平方千米,现为国家AAAA级景区。深厚的历史积淀和文化浸润,奇妙的地理环境和气候条件,成就了红螺山红螺寺为一方完美殊胜、绝尘脱俗的"净土佛国"。红螺寺景区2018年共接待游客88万人次,外地客源主要以河北、天津等地为主,占游客总量的20%左右。

2. 自然资源景区

雁栖湖、青龙峡、黄花城水长城、云梦仙境、响水湖、圣泉山、幽谷神潭、喇叭沟门原始森林等多处AAA级自然风景区,因独特的自然景观,依山、亲水等地形风貌,吸引了众多游客。

3. 会议会展旅游

2014年以来,APEC峰会和第一届、第二届"一带一路"国际合作高峰论坛,以及北京国际电影节等多项国际盛会在怀柔召开,会议带动下的雁栖湖国际会展中心、国家中影数字制作基地、星美今晟影视城等会展旅游产业蓬勃发展。

(三)全域旅游发展

2016年11月,国家旅游局公布了第二批国家全域旅游示范区创建名录中共计238个建设单位,北京市怀柔区位列其中。全域旅游是将特定区域作为完整旅游目的地进行整体规划布局、综合统筹管理、一体化营销推广,促进旅游业全区域、全要素、全产业链发展,实现旅游业全域共建、全域共融、全域共享的发展模式。创建国家全域旅游示范区的核心目的就在于以全域旅游为着力点,推动旅游业改革创新,在一定区域内通过发展旅游业带动经济社会的整体发展。融合发展成为构建产业链的必然趋势,从怀柔实际出发,充分发挥"旅游＋气象"的作用,服务区域产业发展、经济发展,为气象服务提出了新的要求。

二、气象服务需求调研与分析

(一)自然景观及历史文化类气象服务需求

旅游业在本质上依赖于气候条件和天气情况,降水天气是影响雁栖湖、青龙峡、黄花城水长城、云梦仙境、响水湖、圣泉山、幽谷神潭、喇叭沟门原始森林等自然风景区旅游接待效果的首要因素。2018年、2019年汛期相继出现过因降水导致旅游景区关闭的情况。风力因素也会产生较大影响,雁栖湖、青龙峡、黄花城水长城等亲水项目活动较多的综合性景区,会根据风力情况调整游船、快艇等水上项目的运营。雷电灾害的影响也不容忽视,雷击一旦造成伤人、伤物,会给景区游客、设备设施、自然文化遗产造成不可估量的损失。因此,灾害性天气的预报、预警信息对自然景观和历史文化类景区颇为重要。此外,服务农业采摘园、乡村休闲旅游的花期预报、红叶观赏期预报、果实采摘期预报等也较受欢迎。

(二)会议会展旅游服务需求

通过走访调研得知,在雁栖湖国际会都地区承办的大型活动主要有:国际国内重要会议,决策层领导的视察和调研,重大的经济、科技、文化、体育、外事、宗教活动以及其他影响重大或者规模较大的商业年会、发布会活动等。"国际交往"中心的功能定位,给重大活动气象服务保障工作提出了新的要求。从会议环节的安排调整到会场环境的布置美化都需要精细化的气象服务。

(三)旅游开放单位气象服务需求调研

通过发放调查问卷和走访相关单位的方式,对部分北京市旅游开放单位、怀柔区文旅局、雁栖湖示范区管委会、怀柔区内旅游景点等进行调研,共收回有效问卷45份,调查对象中,自然景观和休闲度假类景区占比35％,会议会展和影视服务类占比17％,历史文化类景区占比28％,老字号企业等占比20％。

在天气预报信息获取途径方面(可多选),93％的调查对象通过手机APP或手机自带的内容查询天气情况,8.9％的人通过网页搜索,20％的人通过气象北京、气象怀柔等官微查询天气情况。旅游天气资讯类产品关注度依次为:天气状况(晴雨云雪)82.8％,气温64.4％,风力风向35.6％,穿衣指数31.1％和紫外线指数8.9％。

调查对象中有55.8％的人,需要精细化的旅游气象服务,其中愿意付费的用户占比12.5％,可以考虑付费的用户占比47.5％。

在预警信息接收方面,87.5％的对象可以接收到预警信息,多种接收方式并存,其中65.7%源于行业管理部门下发,43%通过短信和微信工作群接收,11.4%通过显示屏获取,5.7%通过传真接收。

(四)全域旅游气象服务需求

2016年以来怀柔开展了全域旅游示范区建设,目标定位是以国家全域旅游示范区为引领,塑造开放多元文化特色。依托重点景区的辐射带动效应,在区内形成以慕田峪风景名胜区、雁栖湖、汤河川、白河湾、白桦林等为重点的品牌区域;形成与科学设施装置、雁栖湖国际会都景观、影视文化基地相融合的特色旅游;构建展示长城精华、民俗风情、古道印迹和科技魅力的四条重点文化游赏线路;串联各旅游组团内的景点、景区及旅游接待设施,以高端休闲旅游为基础,精准定位各组团的特色主题。加强文化旅游品牌的塑造、传播、推介,彰显怀柔文化独特魅力。全域旅游的发展格局,给旅游气象服务深耕细作提供了机会,也提出了更高的要求。目前,怀柔区的旅游气象服务还仅限于常规灾害性天气预报、预警和重大活动气象服务专报等服务内容,对照全域旅游创建工作、对照落实首都城市战略定位的新要求,着眼于落实区域功能定位,更好满足首都市民消费需求,还存在较大的差距,围绕全域旅游发展的气象服务能力仍需进一步提高。

三、提高生态涵养区气象服务水平的思考与建议

在当下消费时代,优质的服务、优质的品牌是吸引顾客的重要因素,也是创造经济价值的关键所在。服务生态涵养区旅游产业的长远发展,强化旅游气象服务的品牌意识,既应包含旅游气候、舒适度等评价指标,也应涵盖气象预报、灾害防御、预警信息发布等多个方面,建议从以下几个方面入手,提高精细化的旅游气象服务水平,助力生态涵养区旅游产业发展。

(一)开展气候变化对旅游行业影响的风险预估及旅游舒适度评价

气候变化对旅游行业影响的风险预估,对于旅游行业长远发展,尤为重要。一系列的全球变化已经对旅游业产生了影响。这些变化会影响旅游需求,也会影响地方经济。开展旅游气候资源的分析与评价研究。联合开展旅游气候资源的普查、规划、开发工作,旅游部门在旅游规划编制、旅游线路设计过程中,将旅游气候资源作为重要自然因子予以考虑。制作内容丰富、精细化、个性化、智能化的旅游气象服务产品。捧住生态"金饭碗",旅游部门和气象部门联合开展怀柔区"中国天然氧吧"等创建和申报工作,提升社会影响力,共同为绿色发展、美丽中国建设做出更大贡献。

(二)加强站网建设,提高预报预警能力

加强对生态涵养区重点景区主要气象灾害的监测预警,完善旅游景区气象监测网,与旅游部门联合建立完善覆盖怀柔区主要旅游景区的气象自动监测站,在游客集中区、主要景观点布设实景观测点和能见度观测仪、紫外线观测仪等气象监测设备,

采集各景区气象和生态要素,全天候连续监测灾害性天气,形成部门共建、共享、共维的怀柔区旅游气象监测网络。结合黄山风景区旅游气象灾害特点,构建景区旅游气象灾害防御系统,实现了雷电、大气电场、雷达等气象数据的获取,雷电预警的判别和服务,为加强长城文化带沿线雷电灾害的监测工作提供了借鉴。

(三)创新发展乡村旅游气象服务

多年来,怀柔依托区位和山水自然优势大力发展乡村旅游,目前旅游方式已经从传统的"赏乡村景、吃乡村饭、住乡村屋"的单一观光体验模式向多元化的乡村度假与农业休闲转变。随着市场消费需求的变化,旅游资源同质、旅游产品单一、整体档次偏低、基础设施薄弱等问题日益明显,传统气象服务面对旅游行业的发展需求尚存差距。

发挥好怀柔区自然山水、历史文化、地方民俗等优势条件,服务"旅游+气象""生态+气象"等模式,推进气象与农业、林业与旅游、教育、文化、康养等产业深度融合,积极开发观光农业、游憩休闲、健康养生等气象服务。挖掘气候资源,从休闲养老、民俗旅游、慢病疗养等角度单项突破,并延伸发展与康养相关的中药、养生、运动、有机农业等产业,促进多元化、多层次、全链条的旅游康养产业发展。结合乡村优质旅游品牌推广,在农业节庆、农事体验、生态休闲活动宣传中,融入气象元素。

(四)提升重大活动旅游气象服务能力

重大活动筹备阶段,主动对接各部门服务需求,详细了解活动整体安排,完善气候背景分析资料,提高精细化、局地短临天气的预报水平,考虑活动特点,提高精细化水平,增加服务产品内容,如雁栖湖国际会议区周边500米分辨率气温、风、降水气象监测网格化数据,雁栖湖水上活动风力等级预报等。在开闭幕式、室外活动等关键节点,针对有可能给活动带来影响但未达到气象灾害预警发布标准的高影响天气,制作并发布高影响天气风险预警。充分考虑不同活动的特殊性,利用快速更新的实况信息等,及时修正弥补预报误差。

(五)加强信息共享,拓展旅游气象服务产品宣传范围

加强与文旅部门的合作,推进相关数据的共用共享,探索将气象预报、预警对接文旅部门、宣传部门平台系统。开展新媒体气象旅游服务及科普,丰富气象旅游合作内涵。此外,围绕京津冀一体化联合服务的理念,与周边毗邻的河北省丰宁、赤城等县共同制作旅游气象服务产品,突出各区域特色,扩大区域旅游宣传范围,为远程旅游者提供旅游攻略服务。结合季节特点,提供春季赏花、初夏采摘、金秋观红叶、冬季冰雪运动等专业旅游气象服务。

(六)灾害预警与应急响应联合管理

安全是旅游业的生命线,旅游景区的灾害预警与应急响应服务是旅游气象服务

中的重要组成部分,它与旅游者的生命与财产安全、地方区域经济等方面都有着密切的联系。气象灾害预警与应急服务是对旅游者生命财产安全与旅游业可持续发展的重要保障,可有效减少因气象灾害等突发事件带来的人员伤亡和经济损失。在旅游管理中继续强化建立跨部门综合协调机制,提升多部门联防联控能力。结合项目调研结果可知,87.5%的对象可以接收到预警信息,其中65.7%源于行业管理部门下发,可见,气象部门与旅游部门的协同合作在预警信息发布方面起到了较好的效果;此外,短信、微信等方式,也有利于气象灾害预警信息的传播,相比之下显示屏、传真等传统方式在旅游行业预警信息传播上,效果并不理想。应着力提升旅游部门、气象部门的"两微一端"对各类气象灾害预警信息的融合传播能力。

黑龙江省气象部门基层党建与业务融合发展调研报告

孔繁艳 曹品伟

(黑龙江七台河市气象局)

为了进一步加强党建和业务融合工作,通过座谈、访谈、问卷调查等方式,对黑龙江基层气象局84个市、县单位党建和业务融合工作情况进行了解分析,并总结归纳了气象基层党的建设和气象业务工作融合发展的结合点,对气象基层党建和业务融合发展着力点和发展方向进行探讨,并提出建设性意见,形成了本报告。

一、调研背景

2019年7月9日,习近平总书记在中央和国家机关党的建设工作会议上指出,要处理好党建与业务的关系,解决"两张皮"问题,关键是找准结合点,推动机关党建和业务工作相互促进。气象业务工作具有很高的专业性和技术性,气象现代化建设和事业发展离不开一支高素质专业化的干部队伍。党的十九大报告对于高素质专业化干部队伍建设明确要求,首先要突出政治标准,坚持把政治素质放在首位。因此,气象部门建设高素质专业化干部队伍,也要突出政治标准。为了进一步加强基层气象部门党建和业务融合发展,以黑龙江基层气象部门为例,对党建和业务融合工作进行调查研究。

二、黑龙江省基层气象部门党建和业务融合调研概况

(一)调研开展情况

调研对象为黑龙江省气象部门12个地市局(不含大庆市本级)和72个县级气象局。通过问卷调查、座谈和查阅资料等方式对调研对象2017—2019年相关工作情况进行了解分析,数据截至2019年6月。研究对象的业务工作确定为气象预报预警、防灾减灾服务、监测等气象部门特有的业务项目,所分析的研究对象在党建和业务工作两方面均具有较高的相似度,可以进行归纳和比较。党建与业务融合中的业务工作不是指狭义上的气象业务工作,指的是各单位、各部门的本职工作,也是单位和部门的中心工作。这里探讨研究的气象预报预警、防灾减灾服务、监测等业务工作是中心工作的一部分。除此以外的本职工作,不在此次调研范畴之内。

(二)党员结构情况

截至2019年6月,黑龙江省气象部门12个地市局(不含大庆市本级)和72个县级气象局共有党员810人,占职工比例的56%,按编制属性划分,参公编制党员389人,占参公编制总人数的86.3%,事业编制有党员387人,占事业编制总人数的46.1%,编外用工党员41人,占编外用工总人数的4.3%。按市县级划分,地市级气象部门有党员386人,占职工比例为60.9%,县级气象部门有党员424人,占职工比例为52.2%,地市级气象部门比县级气象部门高8.7个百分点。

(三)基层气象部门党建工作的基本内容

黑龙江省市县气象部门党建工作由地方工委和上级气象部门共同领导,近年来,围绕党建提升工程,不断加强党建工作。主要开展政治建设、思想建设、组织建设、作风建设、制度建设、纪律建设等工作。

1. 党的政治建设方面

各级基层党组织党组有效开展了"两学一做"学习教育常态化制度化工作、解放思想大讨论、作风整顿工作等,全力贯彻落实好综合防灾减灾、生态文明建设、军民融合发展、乡村振兴、服务五大安全等气象保障工作。

2. 党的思想建设方面

加强学习和培训工作,加强职工思想建设。各党支部制定年度学习计划,学习内容主要围绕贯彻习近平新时代中国特色社会主义思想、党纪党规等。

3. 党的组织建设方面

地市级成立了党建和党风廉政建设工作领导小组和办公室,并选配优秀的党员干部充实到党建工作岗位。

4. 党的作风建设方面

各级党组织均开展作风整顿。积极开展廉政警示教育。通过集中学习、党课、党员大会和主题党日等活动,先后开展了典型案例剖析、集中廉政谈话、集中警示教育等活动,对党员干部警示教育效果较为明显。

5. 党的制度建设方面

不断完善内控制度和风险防控制度,建立了党员先锋岗、优秀共产党员评选等党内激励关怀以及党员互助、党群互助的帮扶机制。党务干部运用科学方法,通过有关制度加强党建工作的能力不断提升。

6. 党的纪律建设方面

认真落实"两个责任",强化日常监督。每年召开从严治党专题会议,严格运行黑龙江省气象部门廉政风险防控平台,加强对资金、资产的管理和监督。加强对党员干部的教育、监督和管理,利用学习、党课教育等加强廉政教育。

(四)基层气象部门业务主要内容

1. 主要业务职能

基层气象台站主要工作包括防火、防汛等气象防灾减灾工作,天气预报预警、人工影响天气、干旱监测与预报、雷电防御、农业气象、气象科普、人才队伍培养等。

2. 主要业务活动

基层气象部门主要业务活动包括年度工作会议和研讨,防火、防汛等专题动员和部署,防火防汛气象防灾减灾服务的保障,决策气象服务,应急气象服务,专业队伍培养,农业气象服务等。气象业务工作具有很强的季节性,气象业务工作年度规律性很强。

三、黑龙江省基层气象部门党建和业务融合现状分析

通过调研和查阅相关材料,重点分析黑龙江省基层气象部门2017—2019年的党建工作总结,梳理基层党组织对于促进党建和业务结合的意识,以及党建和业务融合的实际案例。将黑龙江省基层气象党组织党建和业务融合工作开展情况,按照优、良、中、差四个标准划分。

评价为差的单位有21个,占25%,这部分单位有党建和业务融合意识,无实质性融合举措,其党建和业务仍然是"两张皮"。实际上,由于不能实现党建和业务有效融合,也无法真正完成好党建和业务工作。

评价为中的单位有28个,占33%,这部分单位开展1~2项融合工作,党建和业务融合还处于起步阶段。开展的项目多为以党员身份的调研、服务,对党员的岗位工作完成情况进行评比、发展党员时对一线业务人员有侧重等。

评价为良的单位有28个,占33%,这部分单位开展3~5项融合工作,党建和业务融合有一定程度的开展。这部分单位在气象服务中积极发挥党员作用,在应急和重大任务时,体现党员的先锋带头作用;党建学习内容中融入与岗位相关的业务知识,开展党员岗位评比、主题党日和"三会一课"的党建工作,积极寻找业务载体等。通过融合,不断加强政治建设、意识形态和组织建设。

评价为优的单位有7个,占9%,这部分单位党建和业务融合工作开展5项以上,在党建和业务融合方面,有创新的举措,搭建了党建和业务融合的新载体,比如成立党员应急服务队、党员气象服务团队,将党建和业务工作同谋划、同部署等。

四、黑龙江省党建和业务融合存在的主要问题

(一)党建和业务工作本身存在不足

当前,基层气象部门党建工作客观上还存在一些实际问题,比如党建经费不足、党建干部能力不足、党员老龄化、党建积极性不高、党员模范带头作用不突出等问题。

尤其是"无钱办事"问题突出，一些组织活动苦于经费无法保证和落实，许多想法、思路都"落空"了，工作的力度和效率上不去。此外，基层气象部门综合业务改革还需要进一步完善，气象服务能力与需求差距较大，人员现状不能很好地适应业务更新等实际问题。

（二）对党建业务融合的重视程度不够

站在讲政治的高度认识气象事业，以强化部门党建引领气象各项重点工作的意识不够。一是党建工作干部能力和意识不能满足党建和业务融合需求，对党建和业务的关系认识还不到位，党建工作服务中心工作的意识不强，就党建抓党建，不善寻找党建和事业发展的切合点，融入业务抓党建能力不足。也存在党建干部对业务不熟悉，有进行深度融合发展的意愿，但方法不多。二是业务干部对党建工作重视不够，就业务抓业务，工作中忽略党建对于带队伍、凝聚人心、提升干事创业担当精神的作用，工作中对政治教育有缺失，主动谋求党建工作助力业务发展的思维没有建立。有的党员甚至以业务干部自居，认为党建不是自己的分内活。三是让业务工作的"边缘人"兼职党建工作的现象还很普遍。

（三）基层党组织政治理论学习主动性不强、效果不佳

组织开展学习方式单一，导致不少党支部习惯于"上传下达"，学习内容依赖于上级安排，在结合实际工作中遇到的问题有针对性地开展学习方面想法不多，导致学用脱节，同时严重影响思想建设，为民服务意识不强，能力不足。

（四）基层党建工作仍存在一定程度的形式主义

有些基层党组织对于党的建设，墨守成规，流于形式，不求效果。党建工作开展过于机械，为了完成党建任务而开展党建工作，没有将党建工作作为解决工作中实际问题的重要途径。

（五）气象业务人员党员比例仍需提高

气象业务类党员占业务职工总数的44.2%，低于党员平均比例11.8个百分点。业务类党员比例明显低于参公管理类。将业务骨干培养成党员的工作还需要进一步加强。这一数据也反映出基层气象部门党建和业务融合还不够深入。

五、加强气象部门基层党建和业务深度融合的意见和建议

"围绕中心抓党建，抓好党建促中心，检验党建看中心"是党建工作的基本原则和基本规律。基层气象部门党建工作任务的核心就是服务中心工作、建设好人才队伍、促进本部门、本单位气象业务及其他中心工作任务的完成。党建工作应该围绕中心工作展开，从配合向融合转变，形成常态化地融入机制，推动中心工作不断迈上新的台阶。党建与业务融合必须坚持以政治建设为统领，以思想建设为基础，以组织建

设为抓手。找准结合点,避免"两张皮"。

(一)加强政治建设统领全局

基层气象部门要增强"四个意识"、坚定"四个自信"、做到"两个维护",准确把握新时代党的建设总要求,以党的政治建设为统领,把全面从严治党作为重要的政治任务,牢牢抓在手中,并纳入重要议事日程。引导部门每名党员领导干部树立党员身份意识,明确以抓好本单位党建工作作为第一责任,坚持党建工作是服务中心工作的原则。坚持党建工作与业务工作同谋划、同部署、同推进、同考核。要站在讲政治的高度,看待业务工作,提高站位,强化担当。

(二)坚持思想建设夯实基础

坚持思想建党,强化理论武装。只有通过系统深入地学习,才能更加深刻体会理论武装的博大精深,更加能够增强"四个意识"、坚定"四个自信"、做到"两个维护",用习近平新时代中国特色社会主义思想武装头脑、指导实践、推动工作。党建工作的核心是全体党员必须贴近党员思想和工作实际,切实把思想政治工作潜移默化地深入到全体党员的心坎里去,让党员干部主动融入集体,同呼吸、共发展。

(三)做好统筹谋划形成合力

一是要融合好工作思路。坚持党建引领,通过党组中心组学习、"三会一课"等加强领导干部思想政治教育,使干部在思想认识上将党建与气象业务工作放在同等重要地位,在营造风清气正干事创业的氛围中推动气象事业更好地发展。二是要契合好工作目标。将党建和气象业务工作纳入年度工作目标统筹考虑、科学规划。既要把抓党建工作的重点放在"围绕中心、建设队伍、服务群众"上,又要围绕重点业务工作来促进党建工作的开展,使两者在实施过程中融会贯通。三是要整合好各种资源。气象基层部门人员不足,党建工作多为兼职,要让业务水平高、工作成绩突出的业务干部来承担党建工作任务,并不断加强党务干部的业务培训,增强其对重点业务工作的熟悉程度。党务工作者是新时代党的建设新的伟大工程的具体工作承担者和实践者,是对党建工作和业务工作进行"穿针引线"的"一根针"。作为破解"两张皮"工作的关键因素,既熟悉党务工作又熟悉业务情况的党务干部能够起到"助推剂""黏合剂""强化剂"的作用,是破解党建与业务工作"两张皮"的关键。以党建为龙头,将单位的人力、财力、物力、信息整合起来,实现多维联动、共促共进。

(四)强化责任意识促进落实

一是强化党建和业务融合的责任意识。基层党支部书记要牢固树立"抓党建是本职,不抓党建是失职,抓不好党建是渎职"的责任意识,找准气象基层党建工作定位,科学设计党建工作与气象业务工作融合发展的载体,推进融合发展工作做深、做细、做实。二是建立党建和业务融合的制度机制。必须加强顶层设计,健全党建工作目标机制,立足气象业务工作特点合理设置考评指标,精准量化考评内容,各基层党组织可以结合自身实际,围绕薄弱环节加大考核力度和比重,通过考核机制促进工作融合。三是狠抓党建和业务融合工作的落实。党支部书记是具体责任人,要围绕业务工作谋划和推进机关党建工作。通过推动成立党员攻坚团队,层层压实责任,强化党员意识,激发党员作为党的先进建设主体的自觉意识、责任意识、担当意识,把各项工作任务落到实处,确保党建与业务互促共进、融合发展。

(五)找准切合点创建党建品牌

立足实际、找准结合点,创建党建品牌,是推动党建与业务工作深度的关键。要在基层气象部门的发展愿景、发展规划、重点工作中,找到党建工作的有效载体。把每个基层党组织和每名党员与载体有机结合。要将党建工作嵌入气象预报预警、防灾减灾服务等环节,延伸到业务一线,延伸到攻坚克难的主战场,延伸到气象业务工作的最基层。要结合气象业务工作的特点找准结合点,通过开展党员创新创效、先锋示范岗、合理化建议等形式多样的特色党建主题活动,真正做到单位重点工作是什么,党建就关注什么;工作中的难点是什么,党建就聚焦什么。以此,激发党员热情,吸引职工群众参与,把党组织、党员和业务工作有机融为一体。

基层气象部门党建和业务工作都有很好的时间规律。各项党建工作和组织生活可以寻找同时段业务工作的重点、难点,加以融合。比如民主生活会、组织生活会应有业务工作内容的,评议党员同时评议其业务工作完成情况,理论学习要与业务学习相结合,业务和党建工作共同考核,党员大会或支委会讨论年度工作报告,对气象工作提出意见建议等。将党建与业务工作可能存在的结合点找出来,具体基层单位要结合单位工作实际,进行选择确定,不要为了结合而结合,要立足于解决实际问题,起到切实作用。

适应数字化转型要求加快推进气象信息化建设的调研报告

顾骏强

(浙江省气象局)

为适应政府数字化转型要求,加快推进气象信息化建设,调研组通过实地走访、座谈交流、调查问卷等多种形式,深入了解各级气象部门数字政府转型和气象信息化建设开展情况,共同分析存在问题,听取有关意见建议,形成调研报告。

一、背景情况

以大数据、云计算、物联网、区块链、人工智能、5G等为代表的新一代信息技术,正深刻转变经济社会生产方式、消费方式、运转方式和治理方式。政府数字化转型是政府主动适应数字化时代背景,对施政理念、方式、流程、手段、工具等进行全局性、系统性、根本性重塑,通过数据共享促进业务协同,提升政府治理体系和治理能力现代化的过程。

浙江省政府2016年首次提出"最多跑一次"改革,2018年印发《浙江省深化"最多跑一次"改革推进政府数字化转型工作总体方案》,将政府数字化转型范围推广到经济调节、市场监管、公共服务、社会管理、生态环境保护等各领域。省委十四届七次全会上指出要深化政府数字化转型,建设"整体智治、唯实惟先"现代政府。2020年11月,浙江省委十四届八次全会上则进一步要求加快从"事"向"制""治""智"转变,高水平推进省域治理现代化。

中国气象局在《气象信息化行动方案(2015—2016年)》中明确气象信息化的组织实施分"两步走":第一阶段(2015—2016年),实现CIMISS业务化,带动数据资源整合和业务应用集约,并为气象云建设做好准备工作;第二阶段(2017—2020年),结合气象"十三五"规划和气象信息化重点工程,开展"气象云"建设,提升气象业务和政务信息化水平。随后按照此框架,围绕集约化和"气象云",制定了气象信息化相关的系列管理办法和行动计划。2020年年初,中国气象局在《关于推进气象业务技术体制改革的意见》中,提出构建"云+端"的气象技术体制和以大数据为中心的新型气象业务体制。

二、气象信息化现状

气象部门信息化起步相对较早,21世纪初便已采用树状结构建立了国—省—市—县四级互联的气象业务专网。目前,国省间业务专网带宽已升级至400 Mbps,省市间业务专网带宽普遍在20~50 Mbps,市县间业务专网带宽在10~20 Mbps。近年来,浙江省气象部门持续提升信息化基础设施支撑能力,目前省级基础设施资源池物理CPU 6500核、存储10 PB,同时积极提升省级数据中心数据服务能力,重点开展集约化数据环境和应用服务等建设,建立了集气象数据收集处理、气象数据存储管理、气象数据共享服务和气象数据可视化于一体的云试验平台业务流程,初步实现用户数据访问服务的集约化支撑。2020年10月底前实施气象防灾减灾中心信息网络系统搬迁和升级改造,并完成省级气象大数据云平台建设。

按照中国气象局推进气象信息化相关工作部署,浙江省各级气象部门积极稳妥推进各业务领域信息化建设。地面、高空、雷达等观测数据均按照中国气象局统一制定的规范,基于气象业务专网传输;区域自动站和负氧离子、大气成分、土壤水分等应用气象观测数据通过互联网传输,并在省级汇入气象业务专网;预报和服务业务领域核心系统大多部署于气象业务专网。根据各地实际需求,部分服务系统部署于互联网环境并建有相应的服务渠道出口。

近年来,浙江省政府大力推进电子政务网建设,并出台《浙江省公共数据和电子政务管理办法》加强相关应用管理,要求各部门已有业务专网并入电子政务网或做好对接协调,由省、市两级地方政府统一建设电子政务云,各单位基于政务云平台开发应用系统。目前,浙江省各级气象部门均已接入地方电子政务网并与省级实现互联互通。截至2020年年底,全省各市县共179个涉及内外网数据交互的信息系统中,34个(19.0%)已部署到政务网环境,其中14个(7.8%)为突发预警发布相关的系统,20个(11.2%)为服务网页等相关系统,基于政务网环境部署运行的系统比例较低,跨部门的大数据深层次应用不多。

根据浙江省政府"最多跑一次"改革和政府数字换转型相关要求,通过积极对接协调和加快自身建设,政务服务信息化方面基本跟上了地方节奏。通过气象政务服务2.0建设,实现监管数据共享、"一网通办"和"好差评"闭环;开发浙江省气象行政审批监管信息系统,实现气象审批、监管数字化管理。梳理并建立近50类气象数据共享目录,实现了监测、预报数据省级共享,全省应用。

三、存在问题

(一)前期信息系统建设缺乏统筹规划

2019年年底印发《浙江省气象局气象信息系统集约化管理办法(试行)》,但在此之前市县级无序建设信息系统较多，几乎所有市局在观测（自动站中心站、数据传输监控）、预报和服务（市县气象业务平台、突发预警信息发布平台）等业务领域均有自行开发的信息系统，不少县局开发了微信微网页、微博机器人等应用，重复建设现象较为严重，信息孤岛和数据烟囱普遍存在。

（二）信息系统集约化支撑能力有待提升

省级各单位仍有不少业务系统基于原有自行购置服务器开发和运行，资源利用效率不高、自行维护压力大。在前期阿里试验云平台建设的基础上，9个省级业务系统已初步完成迁移入云，仍有20余个省级系统尚需经改造后融入云平台运行。

（三）气象数据资源分散，多头存储

观测、数值预报等数据，存在省市之间、不同业务单位之间多头存储、应用低效，数据往返流转现象较普遍，造成一定程度的计算、通信、存储等信息资源浪费。而决策服务、预报服务等材料则分散在各市县，未能快速高效地汇聚到省级。

（四）缺少统一规范的数据出口，一致性难以保证

全省各市、县涉及内外数据交互的信息系统较多，特别是政府决策服务、公众服务等几乎各级气象部门都有建设，数据出口和算法繁多，难以保证数据的一致性。

（五）管理信息化手段落后，数据可靠性有待提升

管理部门依然存在通过邮寄、电话、电子邮件、钉钉等方式要求基层填报材料或汇总数据现象。有时基层上报的数据前后口径不一致、同一事项存在矛盾。已有的管理系统之间、管理系统与业务系统之间没有做到信息互通，管理效率有待提升。亟待建立贯穿气象政务管理全流程的在线式信息化平台。

（六）管理信息化改革不够全面和深入

在机关内部"最多跑一次"改革中，仅在省本级上线应用了机关用印审批等6个模块，尚未推出跨部门或省市县三级协同应用的审批管理模块。气象部门数字化转型尚未全面启动，离从"事"向"制""治""智"转变、高水平省域治理现代化要求仍有差距。

（七）业务服务领域新一代信息技术应用不充分

观测、监控、预报和服务各业务环节缺乏大数据、云计算、物联网、区块链、人工智能、5G等新技术的深入应用。监控业务仍停留在数据传输层面，尚未开展基于气象大数据的深入应用。观测、预报业务部分开展了人工智能等技术的应用尝试，但总体水平仍较低，应用效益不明显。

（八）整体网络安全水平仍有待提升

各级气象部门均配备网闸、防火墙等网络安全设备，但由于各级信息技术人员层

次不一,特别是基层技术人员无法完全掌握安全设备维护、策略配置等技能。市县级信息系统被攻击时,省级无法第一时间获知相关情况,亟须建立省市县三级一体化的网络安全监测体系。

四、原因分析

(一)信息化思维运用不够

在业务和管理上只是单纯地使用信息化手段进行局部的平台或流程改造,从全局出发,基于信息化思维,应用新型信息技术提升气象业务和管理信息化水平的意识不强。

(二)气象业务缺乏顶层设计、统筹规划

浙江经济水平处于全国前列,但省内各市县经济发展水平差异明显,观测、预报、服务等领域的需求不一,国省之间、省市之间信息系统的提前规划设计仍有欠缺。缺少全省范围的网络安全规划,无全省性的网络安全态势感知系统。

(三)气象管理信息化和安全方面投入不足

前期,各单位在业务建设过程中普遍"重硬件、轻软件""重业务、轻管理",管理信息化投入水平较低。部分单位对网络安全相关法律法规宣传不够深入,员工网络安全意识薄弱,信息系统建设和运行过程中存在"重建设、轻安全"的现象,网络安全体系建设方面投入不足。

(四)信息网络专业人才缺乏,新技术应用水平低

气象信息化建设离不开人工智能、区块链等新技术支撑,同时保障信息安全稳定运行也离不开网络安全技术支撑,浙江省气象部门相应人才比较紧缺。

五、对策与建议

(一)增强管理创新意识,全面融入地方政府数字化转型工作

政府数字化转型的本质是一项牵一发动全身的重大改革,近期改革目标是为"最多跑一次"提供支撑,中期目标是争当省域治理现代化排头兵,打造"整体智治"现代政府,更高追求目标是成为"重要窗口"的标志性成果,为国家治理体系和治理能力现代化探索路径方法,贡献实践成果。气象部门要顺应政府数字化转型趋势,积极参与跨部门组织协调工作,加快气象社会治理信息化建设,为建设"重要窗口"贡献气象力量。

(二)加强信息系统顶层设计和统筹规划

根据中国气象局推进气象信息化建设和浙江省政府数字化转型要求,加强信息系统顶层设计,梳理气象部门现有系统平台和数据资源,明确信息系统网络部署区域

和数据交互标准。编制《浙江省气象信息化行动计划(2021—2023)》,扎实推进气象业务、政务服务、内部管理等领域信息化建设。

（三）持续强化信息系统集约化建设

严格执行信息系统集约化管理办法,从源头把好信息系统建设集约化关口。按照信息系统迁云时间进度安排,有序推进省级信息系统云化改造,推动省级核心业务系统融入云平台,实现各类气象数据有序规范存储。加强气象数据唯一标识符和省级气象数据管理平台应用,建立有序可控的气象数据供给服务体系。

（四）加快提升信息化基础设施支撑能力

统筹利用政务云资源,扩充气象专有云资源池,提升信息化基础设施支撑能力。按照地方政府信息系统迁移上云有关要求,推动气象部门基于互联网运行的信息系统向地方政务云迁移。完成全省气象业务网络升级改造,取消市、县级互联网出口,在省级建设统一的互联网出口,实现全省气象网络安全可控。开展全省网络安全系统升级改造,建立省级统一管理、各级部署的网络安全态势感知系统。

（五）加强管理信息化和网络安全建设经费保障

积极争取各级财政支持,适应政府数字化转型要求,持续加大办公、法规、人事、计财和业务领域管理信息化等投入。严格按照国家网络安全法律法规,落实各级网络安全经费保障。

（六）强化信息技术人才队伍建设

引入市场机制,自主培养和吸收引进并行,培育大数据、云计算、物联网、区块链、人工智能、5G 等为代表的新一代信息技术人才队伍,建立适应信息化高精尖人才成长与发展的体制机制。

（七）深化气象领域新技术应用

积极跟踪国内外信息技术发展动态,加强人工智能、区块链等技术在气象领域的应用研究。注重新技术的应用效益评估,充分调动各级气象部门业务人员积极性,组织开展气象领域新技术应用联合攻关。

基层气象台站基础设施建设需求调研报告

程 磊　郭雪梅　王胜杰　郑 祺　朱永昶　郭转转　王姣姣

(中国气象局气象发展与规划院)

基层气象台站是气象事业发展的生命线,是气象业务服务体系的基石,是发挥气象防灾减灾第一道防线作用的前沿阵地。为科学谋划"十四五"时期基层气象台站基础设施建设,高质量做好《气象台站基础能力提升规划(2021—2025年)》编制工作,近期,发展规划院按照矫梅燕副局长指示要求,对31个省(区、市)和4个计划单列市基层气象台站基础设施建设需求开展了调查研究。调研以网络调研为主,以实地调研和个别谈话为辅,通过发放调查表,收到需求反馈6400余项。调研组据此梳理形成涵盖8类基础设施建设、省—市—县分级、东中西区域分布、资金渠道和投入规模等多个维度的气象台站建设需求数据集,深入分析现阶段气象台站基础设施建设的现状不足、需求特点、发展趋势以及区域差异,进一步提出"十四五"时期气象台站基础设施建设有关建议。

一、基本情况

截至2020年,全国共有31个省级气象局、364个地市级气象局、2444个县级气象局(站)。其中,1203个属于艰苦气象台站,803个台站属于局站分离。基层气象职工以天为伴、以站为家,24小时不间断承担着繁重的业务服务工作,基层气象台站尤其是中西部地区的台站,相当一部分位于沙漠、戈壁、高山、海岛、高寒等人迹稀少地区,业务生活基础设施建设存在诸多问题,有着特殊困难。"十三五"以来,中央累计投入资金45.8亿元,地方投入41.6亿元,支持台站搬迁、修缮、改扩建、配套设施建设、业务系统建设等共计6000余站次,显著改善了气象台站面貌,提升了基本气象业务支撑能力,为推进气象现代化建设和服务保障经济社会发展发挥了重要作用。

二、存在问题

虽然全国基层气象台站在整体面貌、业务支撑能力、服务保障作用等方面取得了长足进步,但是制约基层气象台站高水平建设和发展的瓶颈问题仍较为突出,尤其是对气象高质量发展的业务支撑和保障能力有待进一步提升。

一是气象台站基础设施建设仍存在短板。全国尚有百余个县级气象台站因土地、地方配套资金等原因未开展综合改造,台站业务用房远不能满足实际工作需求。

省、市级气象台站配套基础设施建设长期缺乏投入,尤其是配套的水电暖路及园区环境等无资金支持,台站综合改造的整体质量有待提升。

二是气象台站业务运行环境亟待改善。长期以来,气象台站建设存在重土建、轻业务支撑平台建设的情况,市、县级气象台站大多存在业务平台硬件老化、性能下降、稳定性差等问题,台站管理智能化水平偏低,影响了基层气象业务现代化发展。随着新型城镇化建设的不断推进,台站因探测环境问题需要搬迁的压力激增。

三是职工工作生活条件仍待改善。部分气象台站给排水、供电、供暖等尚未接入市政管网,围墙、护坡、安防等存在安全隐患。部分偏远艰苦气象台站值班宿舍、周转房、食堂等生活配套设施不足。气象文化建设投入长期偏少,党建和职工文体活动场所设施缺乏。

四是建设资金安排有待进一步统筹。全国气象台站点多、面广、基数大,中央资金投入重面轻点,单站投资成效不明显。灾害多发、频发和重发区域台站业务用房和基础设施常态化维修保障经费不足。随着防雷体制改革不断深化,东部地区台站维护维修等资金出现缺口。县级台站业务系统支撑平台和信息化基础设施环境无专项资金支持,发展相对滞后。

三、建设需求

"十四五"时期,各地共提出气象台站基础设施建设需求 6412 项,涉及 31 个省(区、市)和 4 个计划单列市的 275 个市(地、州)、1902 个县(市、区)。建设需求主要包括:迁站新建用房、观测场搬迁、原址扩建用房、原址修缮改造用房、水电暖路(含原址观测场)和围墙、护坡、堡坎等建设,以及园区环境综合改造、业务系统运行环境新建或改造等 8 类。资金需求共 142.46 亿元,包括中央资金 86.06 亿元、地方资金 55.21 亿元、自有资金 1.19 亿元(广东)。

(一)基础配套和园区环境综改需求广泛

台站水电暖路建设、观测场基础设施以及大院、园区有关围墙、护坡、堡坎建设和环境综合整治等需求较多,占需求总量的一半以上(54.09%)。其中,最为集中的是水电暖路建设(含观测场建设),达到 1225 项,接近需求总量的约五分之一(19.10%);其次是园区综合环境改造和围墙、护坡、堡坎等建设,分别占需求总量的 17.94% 和 17.05%。业务系统运行环境新建或改造类需求 969 项,占需求总量的 15.11%。迁站新建用房、观测场搬迁和原址扩建用房类需求总体较少,其中原址扩建用房类项目最少,占需求总量的 4.82%。

(二)资金需求较大且以中央资金为主

整体上资金需求以中央资金为主,中央与地方需求比约为 1.5∶1。除迁站新建用房和观测场搬迁涉及较多地方资金外,其他各类需求均以中央资金占较大比重,需求比约为3.5∶1。迁站新建用房类申请中央资金最多(19.67亿元),占中央资金总量的22.86%,且单项建设资金需求也为最多;其次是水电暖路建设(含观测场建设)(11.72亿元)、园区综合环境改造(11.32亿元)和业务系统运行环境新建或改造(11.06亿元)、原址修缮改造用房(10.54亿元)、扩建用房(10.12亿元),分别占中央资金的13.62%、13.16%、12.85%、12.25%和11.76%;围墙、护坡、堡坎等建设虽然需求多(1093项),但是申请中央资金(8.03亿元)低于前述6类需求;观测场搬迁类申请中央资金最少(3.60亿元),不到中央资金总量的5%。

(三)建设需求相对集中在县级和西部地区

从需求总量上看,1902个县级气象部门提出建设需求5345项,申请中央资金55.13亿元,分别占建设需求总量的83.36%、中央资金总量的64.05%;35个省级(含副省级)气象部门申请中央资金8.09亿元,275个市级气象部门申请中央资金22.85亿元,省、市两级均有较大建设需求。从需求区域结构方面看,西部地区气象部门建设需求和申请中央资金占比均较大,分别占需求总量的45.49%、中央资金总量的49.94%,与中部地区合计占需求总体规模和中央资金总量的八成左右,东部地区建设需求和中央资金规模相对较小。

(四)未完成综改台站主要在中西部地区

"十三五"时期未完成综改台站主要在西部和中部地区,分别占60.00%和33.33%。未完成综改台站提出建设需求436项,包括迁站新建用房64项、观测场搬迁43项、原址扩建用房43项、原址修缮改造用房31项、水电暖路建设(含观测场建设)67项、围墙护坡堡坎等建设67项、园区环境综合改造61项、业务系统运行环境新建或改造60项。涉及资金需求9.75亿元,包括中央资金6.99亿元、地方资金2.76亿元。在中央资金需求中,西部地区占66.62%、中部地区占25.65%、东部地区占7.73%。

四、有关建议

总体上看,"十四五"时期基层台站基础设施建设需求较大,对中央资金的依赖性较强,建议在谋划"十四五"气象台站建设任务和中央资金重点支持方向上考虑以下几个方面。

一是加强台站基础设施建设顶层设计。进一步转变发展思路,坚持目标导向、问题导向和需求导向相统一,根据新形势新要求,明确"十四五"时期各级气象台站基础设施建设的重点方向和重点任务,突出规划的指导性、前瞻性和约束性。各地要立足发展实际,因地制宜做好本级台站规划工作,更加注重台站的内涵式发展,将气象业务服务功能、科技特色、文化理念等多种功能融合。推动制定台站基础设施相关建设标准,提升台站建设的标准化和规范化水平。

二是因站施策,打好台站综改攻坚战。针对"十三五"时期仍有少部分"老大难"气象台站未进行综改的情况,要集中优势资源,精准施策,消除台站综改存量。建立台站综改攻坚任务清单,按照"一站一策,专项推进"的原则,确定各个台站实施综改的路线图和时间表,力争"十四五"时期台站综改实现全覆盖。

三是大力推进安全隐患排除。进一步加强涉氢用房、安全防护设施、防雷设施、消防设施等规范化建设,杜绝安全隐患。对台站供水、供电、大门、围墙等配套基础设施进行综合改造。开展地质灾害隐患点整治,因地制宜实施护坡(堡坎)建设,确保台站安全运行。

四是着力改善台站工作生活环境。推进绿色台站建设,开展清洁供暖、节能、节水改造,降低运维成本。推进文化台站建设,营造气象文化氛围,弘扬气象精神,充分发挥历史、科学、文化价值和宣传教育功能。推进暖心台站建设,针对偏远艰苦台站开展富氧、除湿、除盐、防风等环境建设,因地制宜解决食堂、值班公寓、周转用房等需求。

五是加强台站业务系统运行环境建设。为保障气象观测数据"三性"和支撑基层业务改革发展,集中解决一批受地方经济社会发展挤压、探测环境变化、服务领域扩展等影响的迁站和业务用房建设,保障基层气象业务稳定运行。围绕气象现代化需要,对台站供配电系统、网络综合布线系统、显示平面、计算机硬件平台等更新升级,推进建筑智能化建设,支撑基层业务稳定高效运行。

六是加强台站基础设施建设资金统筹。统筹考虑不同地区、不同基础、不同类型气象台站建设,整合发展资源,区分轻重缓急,协调有序推进台站基础设施建设。做好中央与地方、建设类与维持类、基建项目与业务项目资金的集约化使用,坚持向西部和艰苦边远地区倾斜政策,注重发挥投资整体效益。根据共性建设需求,提出有针对性的台站项目,如平安台站建设(安全隐患排除)、暖心台站建设(基层民生改善)等,结合各年度中央投资重点支持方向,有序解决各级气象台站基础设施中的现实问题,更好地发挥中央资金带动作用。

山西省气象部门相对集中行政许可权改革调研报告

王文义

（山西省气象局）

近年来，山西省气象部门大力推进"放管服"改革，以"履职尽责"和"服务地方"为着力点，提高了行政相对人的获得感，加强了与地方政府和其他部门的横向沟通，树立了气象部门的良好形象。本调研报告以相对集中行政许可权改革作为切入点，采用问卷、走访、座谈、查阅文献等方式，较为全面地梳理了山西省气象部门开展改革的情况。

一、改革政策法律依据

《中央编办 国务院法制办关于印发〈相对集中行政许可权试点工作方案〉的通知》（中央编办发〔2015〕16号）确定山西等8省、直辖市为相对集中行政许可权试点。《中央编办 国务院法制办关于印发〈相对集中行政许可权试点工作方案〉的通知》（中央编办发〔2016〕20号）将试点区域又扩展了湖北等6省、自治区。《中华人民共和国行政许可法》第25条规定，经国务院批准，省、自治区、直辖市人民政府根据精简、统一、效能的原则，可以决定一个行政机关行使有关行政机关的行政许可权。《国务院关于支持山西省进一步深化改革促进资源型经济转型发展的意见》（国发〔2017〕42号）提出，支持市县级政府设立统一行使行政审批权的机构，推广"一个窗口受理、一站式办理、一条龙服务"，逐步推进政务服务全程网上办理。《中央办公厅、国务院办公厅关于深入推进审批服务便民化的指导意见》（厅字〔2018〕22号）要求，深化和扩大相对集中行政许可权改革试点，整合优化审批服务机构和职责，有条件的市县和开发区可设立行政审批局，实行"一枚印章管审批"。

2020年5月，习近平总书记视察山西转型综改示范区政务服务中心时强调："在转型发展上，山西既要有紧迫感，更要有长远战略谋划，要久久为功，正确的东西就要坚持下去，不要反复，不要折腾。山西如果能在转型发展上率先蹚出一条新路来，对全国同类型的省份也有借鉴意义。"

二、全省改革开展情况

2018年8月，山西省委办公厅、省政府办公厅印发《关于深入推进审批服务便民化加快营造"六最"营商环境的实施方案》,要求深化和扩大相对集中行政许可权改革试点。全力抓好山西转型综改示范区、高平市、灵石县改革试点,建立健全审批服务部门与同级监管部门、上下级部门间的工作协调配合机制。2019年1月,山西省政府工作报告强调了要推广相对集中统一行政许可权改革经验,开展晋城市县两级改革试点,在省级推行"一枚印章管审批"改革。2019年2月,晋城市人民政府召开常务会议启动晋城市相对集中行政许可权改革试点工作。2019年4月,正式实施了晋城市相对集中行政审批改革。2019年10月,时任山西省人民政府省长楼阳生在晋城调研行政审批制度改革后要求开展全面评估,早日在全省范围全面推广。2019年12月,中共山西省委办公厅、山西省人民政府办公厅印发《关于在全省各市县开展相对集中行政许可权改革的实施意见》(晋办发〔2019〕46号),要求全面推进"一枚印章管审批"改革在全省所有市县及开发区实施。2020年1月,《山西省相对集中行政许可权办法》(山西省人民政府令第269号)公布。其中,第九条提出"设区的市、县级人民政府应当将分散在各部门与企业和群众生产生活密切相关且经常发生、申请量大、有明确许可标准和程序、集中办理更加便民高效的事项,统一划转至集中许可部门办理"。2020年1月,山西省政府工作报告要求,完成市县两级和开发区"一枚印章管审批"改革,推进行政审批服务"马上办、网上办、一次办、就近办"。

总之,山西省相对集中行政许可权改革的核心内容是"一枚印章管审批",按照"应划尽划"的原则,将省域内市县级政府的29个部门300余项行政许可及其他职权事项划转至审批部门统一行使。通过改革达到节约行政成本、优化政务服务、优化营商环境等目的。

三、气象部门落实情况

相对集中行政许可权改革中,山西省市县气象部门与行政审批管理服务局签订审管衔接备忘录,明确划转事项和各自审管职责,构建审管衔接新机制。

改革涉及市级气象部门"易燃易爆等特定场所防雷装置设计审核和竣工验收许可""升放无人驾驶自由气球、系留气球单位资质认定"和"升放无人驾驶自由气球、系留气球活动审批"三项行政许可事项,涉及县级气象部门"易燃易爆等特定场所防雷装置设计审核和竣工验收许可""升放无人驾驶自由气球、系留气球活动审批"两项行政许可事项。

2019年2月,晋城市气象局已配合开展相对集中行政许可权改革划转审批试点,签订划转协议后由晋城市行政审批服务管理局负责所划转审批事项的受理、办理工作,气象主管机构不再承担审批和验收职能,主要负责事中事后监管。2019年3月,山西省气象局向中国气象局法规司行文报送了《晋城市相对集中行政许可权改革划转审批事项的有关情况的函》(晋气函〔2019〕61号),法规司建议山西省气象局继续关注此项改革的推进情况,并就试点运行情况及时进行总结。随后,调研小组到晋城市气象局、晋城市行政审批服务管理局进行了实地调研。后续,山西省气象局向省行政审批服务管理局提供了施放气球资质证空白模板。

目前,10个市级气象局、71个县级气象局相关行政审批权实现划转,由当地行政审批管理服务局行使。

四、存在问题

经过调研发现,相对集中行政许可权改革过程中存在的问题主要表现为法律依据有待完善、审管责任划分不清、审管部门沟通不畅、监管责任履行不到位等。

(一)法律依据有待完善

《中华人民共和国行政许可法》所有法条中,只有第25条与相对集中行政许可权改革有关,但这条规定过于简单,没有对行政审批局的法律地位、权限范围、法律责任等进行界定。其他的法律依据也只有《山西省相对集中行政许可权办法》这一政府规章,缺乏配套的行政法规,相应法律体系尚不完善。

(二)审管责任划分不清

在行政审批实际工作中,既有形式审查事项也有实质审查事项。针对形式审批事项,审管责任划分相对容易,而对于需要实地勘察和专家论证等进行实质审查的审批事项,责任划分则相对困难。另外,因各部门审批专业性较强,部分地市审批局在推进改革过程中,委托原许可部门工作人员代为审批。一旦产生问题,审管责任如何划分就是突出问题。

(三)审管部门沟通不畅

1. 审批信息推送渠道不畅通,信息流转不及时

《山西省相对集中行政许可权办法》第十四条规定,集中许可部门和原许可部门的审管责任,以相应证照颁发和信息推送为界,集中许可部门颁发相应许可证照后,应当实时向原许可部门推送相关信息,原许可部门接收推送信息后,应当及时启动事中事后监督管理程序。然而,在实际运行中,集中许可部门和原许可部门信息联动不及时,沟通不畅。比如,某市气象局反映,虽签署了审管衔接备忘录,但是缺乏获取审批信息的有效渠道,当地审批局推送信息仍以纸质文件流转为主,导致获取信息不及时。

2. 原审批部门行政审批系统与集中许可部门审批系统尚未对接

《山西省相对集中行政许可权办法》第十七条规定,省行政审批服务管理部门负责建立山西省一体化在线政务服务平台,整合各地各部门分散独立的政务信息系统,优化政务流程,促进政务服务跨地区、跨部门、跨层级数据共享和业务协同,完善许可信息双向反馈机制,逐步实现全省行政许可事项"一网通办"。但是,气象部门的行政审批系统与地方政府服务系统普遍未完成对接,审批局无法独立审批气象部门的

审批事项,"多头提交""重复提交"现象普遍存在。比如,施放气球资质证打印和编码仍需从中国气象局行政审批平台完成,无法实现部门之间信息互认和共享。

3.集中许可部门审批人员业务学习不及时

原审批部门在开展业务培训或政策法规学习时,习惯性地通知部门系统内业务人员参加,未通知审批局派员参加,审批局工作人员对行业政策变化、法律法规修改完善等信息获取不及时,影响了审批的准确性和权威性。

(四)监管责任履行不到位

审批权划转后,原审批部门职能处于从重审批到重监管的转型阶段。但市场主体的逐利性决定了其不会主动要求监管,甚至一些市场主体还会利用审管部门之间信息滞后、监管延时的漏洞,发生违法行为。

监管力量不足,极易产生监管漏洞。以气象部门为例,没有专门的执法队伍、执法车辆,执法人员均为兼职。并且,绝大多数执法人员为其他领域业务人员,日常工作中很少参与执法活动,欠缺执法知识,执法经验不足。

五、对策建议

(一)完善改革政策法律依据

一是建议国务院以行政法规形式出台《相对集中行政许可权条例》,在实施办法中明确相对集中行政许可权改革应遵循的基本原则、实施和监督办法、相关部门的职责、协调配合办法、法律救济等内容。

二是建议中国气象局以部门规章形式出台《相对集中行政许可权办法》,结合气象部门工作实际,超前谋划,体现规章的科学性。

三是建议在《山西省相对集中行政许可权办法》基础上,山西省人民代表大会研究制定《山西省相对集中行政许可权条例》。对集中行政许可的范围、行政审批局的法律地位、行政复议和行政诉讼主体、行政审批局与原行政许可机关的法律责任、行政审批局与相关部门的职责衔接、监督程序等内容进行进一步规定,完善相对集中行政许可权法律体系。

(二)完善审批监管联动机制

围绕空白证照领取、审管信息双向推送、业务培训指导、联络员等开展协同联动工作,形成"多对一"(市、县原审批部门与市、县审批局)、"一对一"(省、市、县行政审批局之间)、"一对多"(省行政审批局与省审批部门)协同联动机制。

空白证照领取方面,可由省审批局汇总全省使用数量,每半年领取一次。可自行印制的,可由原审批部门提供证照模板。

审管信息双向推送方面,加快专网业务系统与一体化在线政务服务平台对接。发挥"互联网+监管"平台作用,审批部门与监管部门及时登录查看审管信息。市县审批局将审批结果及时推送给监管部门,监管部门将审批依据和监管结果及时送市县审批局,确保审管信息无缝对接。

业务培训指导方面,省审批局及时组织各级审批局业务骨干进行培训;监管部门加强业务培训,提升监管人员执法水平,并通知审批局派员参加。制发、转发审批事项有关文件时,一并抄送市县审批局。

(三)完善气象部门监管机制

气象部门事中事后监管机制总体构架应为:监管内在衔接＋管理服务衔接＋社会共治衔接。

1. 监管内在衔接是基础

监管内在衔接包括加强省市县气象部门监管衔接,推动气象部门与地方部门实现协同监管。

2. 管理服务衔接是关键

通过事中事后监管,梳理市场存在问题,精准对接市场需求,研发相关专业服务产品,弥补市场空白。实现服务于监管,以监管促服务,实现良性互动的效果。

3. 社会共治衔接是保障

除应发挥市县审批局的审批监管作用和气象部门的行业监管作用外,更应加强与地方联动,落实政府属地职责,推动建立市场主体首负责任制,发挥行业协会的行业自律作用和社会公众的舆论监督作用。

新时期开展社团工作的调研

王迎春　房志玲　丁　梅　陈海量　韩丽琴　许国宇

（北京市气象局）

科技类社会团体是国家创新体系中的一个重要组成部分，是国家科技事业发展的重要推动力，不仅在科学领域成为新的社会力量，也逐渐发展成为推动社会经济增长和社会发展的重要元素。

一、科技类社会团体的含义及研究意义

科技类社会团体是指按照自然源科学和技术领域中的学科组建，以开展学术交流、科普宣传、提供咨询服务和人才培训等为组织活动的社会团体。

科技类社会团体是国家创新体系的重要组成部分，作为科技工作者参与学术活动、开展学术交流的重要组织形态，它集中了众多专家、学者和科技工作者，智力密集，人才荟萃。科技类社会团体的组织建设和活动状况及其在经济社会发展中所发挥作用的情况，影响着科技界参与自主创新的质量和水平。进一步推动科技类社会团体的创新能力建设，是落实人才强国战略、深化科技体制改革、促进科技事业健康发展的客观需要，是激发广大科技工作者的创新精神、培养高水平创新人才、推动科学技术事业发展的重要途径。

二、国内外气象学会的对比

通过调研美国、日本、英国、韩国、欧洲、意大利、德国等国家和地区的气象学会官网，与中国气象学会、北京气象学会的职能进行对比，发现国外气象学会职能与国内气象学会有着较大的差别。

（一）国内外气象学会工作开展情况

1. 国内气象学会情况

中国气象学会。中国气象学会是以促进气象科学技术发展和普及为宗旨的全国性、学术性、非营利性社会团体，是党和政府联系气象科学技术工作者的桥梁和纽带，是国家推动气象科学技术事业发展的重要力量。主要工作内容为学术交流、科普活动、智库及决策咨询、期刊出版、表彰奖励、人才培养等6个方面。学会出版的主要期刊有3项，设置奖项5项。目前拥有近140个会员单位，近42000名会员（其中注册

会员1959人）。通过对中国气象学会2019年年报及网站信息调研分析，可以看出，2019年度总收入中，23.9%来自会费收入，其余来自政府补助、提供服务及其他收入。

作为中国气象学会的分支性会员单位，各省级气象学会是中国气象学会的重要组成单位，有着类似的职能和工作模式，同时也承担着较多的下派任务。以北京气象学会为例，北京气象学会是首都地区气象科技工作者的学术性社会团体，是北京市科学技术协会的组成部分。北京气象学会的主要工作内容包括学术交流、科普活动、智库及决策咨询、期刊出版、表彰奖励（按上级学会要求组织参与）、人才培养等6个方面。根据北京气象学会的财务报告显示，近年经费总收入中，75.0%来自北京市科协资助项目、9.6%来自理事单位会费、10.0%来自北京市气象局支持、5.4%来自其他收入。

2. 国外气象学会情况

美国气象学会。美国气象学会（AMS, American Meteorological Society）主要职能有期刊和出版物、学术论坛活动、教育与职业规划、表彰奖励。学会出版的一系列主要期刊近10个，影响因子均在全球排名靠前。在教育与职业规划方面，为数百万教师和学生提供学习支持，为会员提供职业规划与指导，包括提供工作实习、研究及招聘机会，以及就业后持续性技能认证，并通过每年支付更新费用来维护AMS认证。在表彰奖励方面，共设置各类奖项38项，奖项的设置覆盖气象领域会员涉及的方方面面，对会员的凝聚和激励作用巨大。

日本气象学会和日本预报员协会。日本气象学会具有期刊出版、学术交流、奖励表彰及培训等职能。学会会员人数约为4000人，期刊3个，设置相关奖项7项，设有相关培训、职业指导和科普等职能。同时，日本还设有气象预报员协会，承担"气象预报员考试""天气预报员资格"相关培训的支持工作，其主要目的是与天气相关组织一起组织学习和提高天气预报员的技能，并通过利用这些知识为社会做出贡献。日本的"气象预报员考试"每年至少举行一次。

英国皇家气象学会。英国皇家气象学会（RMetS）是世界上历史最悠久的气象学术团体，成立于1850年，是国际上最有影响的学会之一和国际权威的学术机构。其主要的职能包括期刊和出版物、学术论坛活动、教育与职业规划、表彰奖励等。在期刊和出版物方面，学会拥有的8个期刊，均在国际上拥有较大影响力。图书方面，近年来出版了10余部专业图书。在教育与职业规划方面，该学会做出了非常专业的气象技能认证体系，该认证体系的存在，使气象从业人员与用人单位之间有了明确的沟通标准，并给气象专业技术人员提供了明确的学习提升路径，可以说是社会团体组织在人员能力认证方面发挥作用的典范。在表彰奖励方面，皇家气象学会通过奖励和奖项来表彰和奖励那些对气象学和相关学科做出杰出贡献的个人和团队，共设置各类奖项21项，该学会的奖项反映了整个气象界对获奖者的认可。

欧洲气象学会。欧洲气象学会属于枢纽型学会组织,代表着欧洲各国38个相关学会组织,所属各成员会员共计约1万人,这一方面更加类似于中国气象学会与各省级气象学会的关系。该组织不承办具体的学术期刊,仅在学术交流活动和表彰奖励方面开展具体工作。

(二)国内外气象学会情况对比分析

1. 国内气象学会运行模式优势与经验

纵观各国气象学会,国内气象学会有着会员人数规模基础好、服务政府和社会作用明显、统一管理力度强、承接政府职能转移作用好等优势。

从人数看,每万人拥有会员中国0.30人,美国0.34人,日本0.31人,英国0.51人,韩国0.58人,欧洲0.14人,德国0.22人,意大利0.07人。将以上数据分为第一梯队0.5(含)以上,第二梯队0.3(含)至0.5和第三梯队0.3以下,中国处于第二梯队,在韩国、英国、美国、日本之后,说明我们在人均拥有气象专业人员数量上少于气象发达国家。

会员数量上,我国以42000人位居第一,比第二名美国高出3万余人,在这一方面又体现出我国气象从业人员的数量基础较好。

我国气象学会在科普、智库咨询等方面有着较大的优势,开展了众多有益社会的科普活动和助力社会发展的智力咨询支持。

2. 国外气象学会运行模式优势与经验

国外气象学会更明显的优势在于其社会组织属性更强,更加突出对会员的服务,从其学术交流期刊的运营、奖励设置、职业发展支持、经费的来源等方面与国内学会组织有着显著的区别。

期刊数量上,美国、英国分别以10个、8个处于第一梯队,日本、韩国与我国数量相当,在2~3个,然而从其影响力来看,我国又处于弱势地位。

奖项设置方面,中国气象学会设置奖项5项,而美国有38项,英国有21项,日本7项,韩国11项,欧洲10项,从人均拥有奖项数量方面看,中国远远落后,说明我们的气象学会对会员激励作用发挥不够。

技能培训和职业资格认证以及职业指导方面,国内学会几乎没有开展,而美国、日本、英国都有开展相应活动,有的是通过法律法规的形式加以确认;有的是通过自身建设成为默认的行业标准。

从经费来源看,国内气象学会经费来自会费的比例较小,而国外气象学会大部分收入来自会员会费。这也直接指出了学会的主要服务对象和服务内容,经费来源即为组织的主要服务对象,经费的项目即为组织的主要工作内容。中国气象学会的会员会费仅占约24%,其约76%的精力用于为其他对象提供服务,包括向社会提供科普产品开发销售、企事业单位和政府研究项目的承接等。北京气象学会的会员会费仅占约10%,其约90%精力用于服务北京市科协、北京市气象局。可见,中国气象学会、北京气象学会与国外气象学会以会员(人)为中心的行为方式形成了鲜明的对比。

三、存在的问题

(一)组织结构行政化

从机构设置来看,中国气象学会、各省气象学会的组织结构是按照气象部门行政架构设置的,各级气象学会秘书处的主要专兼职负责人也都是气象部门行政管理人员,与国外学会组织自我管理的模式差异较大。由于学会组织结构的政府化,学会的管理模式很大程度上是复制了挂靠单位的方式,使得学会的管理带有更多的行政色彩。工作任务来源主要来自政府,这一特征在各省级气象学会尤其明显。省级气象学会工作任务往往通过中国气象学会以通知形式下达。

(二)管理思想固化

管理理念没有适时转变,没有站在改革的角度来看待社团组织的发展,更没有站在承接政府职能转移的角度面对发展,缺乏"经营"理念。国外气象学会的运作,大多是采用市场化的方式寻求组织发展所需的项目和资金源。国内气象学会的市场化运作意识不强,日常活动经费主要不是来自会员会费,而是通过拨款、项目下达、政府职能转移等方式,由科协、气象局等上级组织支持。其项目资金的匹配,往往需要通过竞争的方式争取,这就直接导致了社团组织的精力更加向资金支持单位靠拢。

(三)会员服务功能不突出

社团组织的设立是以社团成员自愿结合而成,团结会员、引领会员、服务会员是社团最核心、最重要的职能。国内气象学会组织服务会员功能不够突出,主要表现在以下几个方面。

一是经费主要来源于政府支持,服务工作重心向经费支持者倾斜。比如特别重视和突出气象科普工作,而开展科普活动并非全体气象科技人员的核心需求,过度加强科普工作任务,会导致科研人员精力的分散。

二是学术交流作用发挥不够,提供专业资料不足。对比国外气象学会,国内气象学会期刊数量及影响力都较弱,在国内气象科研人员中高质量投稿吸引力不占优势。国外气象学会组织,在气象专业资料方面提供了大量的支持,包括提供各类气象观测资料、预报资料等专业必备资料。

三是奖项设置偏少,对会员的激励不足。对比美国气象学会38个奖项、英国皇家气象学会20个、韩国气象学会11个,国内气象学会在奖项设置方面,无论是从人均占有量,还是种类数量上都偏少。设立奖项是科技类社团组织对会员的重要激励方式,直接关系到社团组织的吸引力和活跃度。中国气象学会在线注册会员仅有1959人,其余4万余人均为其他相关学会的会员。

四是人才教育培养项目缺乏。美国气象学会、日本气象学会、日本预报员协会、英国皇家气象学会都设置了相关培训课程,为会员持续专业技术学习提供了专业平台。中国气象学会及北京气象学会在此领域尚未开展较有影响力的工作。

五是职业资格认证职能短缺。随着国家行政审批制度改革的推进,职业资格认证制度逐渐转变为职业能力评价制度,社团组织承接职业能力评价是国家改革的趋势,社团组织是承接这一职能的主体。气象学会作为跨行业、跨部门汇集全社会气象科技人员的重要组织,理应承担起为气象科技人员进行能力认证、评价的责任,用客观的尺度评价人才,解决人才与社会需求方的信息不对称问题。目前国内气象学会尚无职业资格认证相关职能。

四、发展对策和建议

从科技类社会团体发展报告、江苏省科技类社会团体创新发展情况报告等报告来看,气象学会是比较典型的、具有一定代表性的科技类社会团体,从一定程度上来说,它的改革发展对科技类社会团体的发展具有一定的借鉴意义。

(一)尝试政社分离

政社分离是未来的发展趋势,在现阶段国家改革尚未提出强制性脱钩的时期,要逐渐落实社团组织决策机制,培养部门社团的独立成长、自主运行的能力。在放手的同时,还要加强社会主义特色社团建设,加强党组织对社团工作的领导。加强社团自身的章程和各项管理制度建设,有成文的决策机制,使社团成为与政府部门并行的、真正的自主、志愿性团体,更好地发挥社团成员的志愿积极性。

(二)加强经营意识

科技类社会团体的发展过程,充分证明了社团的非营利性和公益性并不代表不盈利,不需要经营。经营主要是在学术、技术和产品以及科技工作者及其智力资源和信息资源上实行行之有效的非营利性的组织资本的运用和管理,采取有效的经营方法,通过开展适当的经营活动,将智力资源和信息资源转化为生产力,这将会产生较大的效益,同时也是提升自身的竞争力和发展力。

(三)强化会员服务

建设以服务会员为核心的社团工作体系。在当前"粉丝经济"时代,专业人员的聚集是一个组织最重要的资源,无论是组织活动,还是提供服务,亦或是获取收益,都是建立在专业的"粉丝群"的基础之上的。要汇聚全国气象专业人员,就必须将组织的核心职能转向对会员的服务上来,想会员所想,加上现有的行政体系的赋能,争取在社团组织进一步改革前建立好自己的会员群体,树立核心地位。

（四）开展专业人才培训、评价体系

发挥社团组织专业技术优势，通过开发科学的分层次学习课程和相应的考核评价体系，为会员成长提供渠道、为社会各行业输送人才，既是对会员提供更好的服务，也是凝聚更多会员的手段。同时，评价体系的建立和推广，也有着明显的先发优势效应，社会需求必将催生社会供给。

天津市气象局重大工程建设项目
管理机制改革调研报告

于 杰 张剑青

(天津市气象局)

按照2020年天津市气象局党组重大调研工作要求和调研计划,调研组开展了针对天津市气象局重大工程建设项目管理机制改革的调查研究。考虑到立项审批、执行管理、竣工验收等工作受地方政策影响差异较大,调研重点主要放在职责分工及管理机制方面。受新冠肺炎疫情影响,以电话、网络方式与计财司及部分省市气象局进行了沟通调研,研究提出了符合天津实际的重大工程建设项目管理的对策建议。

一、中国气象局及部分省市气象部门管理经验及做法

经调研了解,气象部门在针对重点工程项目管理上主要存在两种管理模式与思路:一是以中国气象局为代表的项目法人管理模式,该模式下项目管理和建设工作基本以承建单位为核心展开,有关职能机构重点负责组织编制项目文本、立项审批、资金落实及工程验收等工作;二是以部分省局探索的重点项目管理办公室(简称"重点办")管理模式,该模式下项目管理及建设工作主要以"重点办"为核心展开,各有关职能机构及项目承建单位配合局重点办按职责完成相关工作。

(一)项目法人管理模式

中国气象局2009年印发了《中国气象局重点工程建设项目管理办法》,对由国家发改委审批立项的业务基本建设项目在申报立项、建设准备、建设实施和验收评价四个环节进行了规范。

在管理机制上,中国气象局重点工程实行局领导按分工指导、业务司主管、计划财务司协管、纪检监察机构监督、项目建设单位实施的模式。在技术上,中国气象局实行工程总师制,工程总师对项目的技术工作负总责。

在职责分工上,局长办公会议确定重点工程分管局领导、主管业务司和主要项目建设单位等事项。分管局领导根据需要召开局长专题协调会议,听取重点工程主管业务司和项目建设单位汇报,审定业务布局和技术方案、重要建设内容,协调解决项目建设管理中出现的重要问题,确定需要提交局长办公会议审议的重大事项。业务司负责牵头组织编制项目方案,监督检查项目质量安全与执行情况,负责组织项目业务验收工作；计划财务司负责组织项目的评审报批、年度投资计划与预算下达、财务监管、委托审计、竣工验收和绩效评价工作。项目建设单位负责项目建设的全过程管理，对项目建设进度、质量、资金管理及运行管理等负总责。涉及多单位协作、事关全局的重点工程项目，成立项目管理办公室，承担项目建设管理过程中的组织、协调、沟通等职责及日常性事务工作。项目办设在主要项目建设单位并接受其领导，项目办负责人由中国气象局指定或委派。

多年来，中国气象局运用这一管理模式，在山洪、海洋、雷达等重大工程建设中开展了生动实践，2013—2018年中国气象局又先后印发了《山洪地质灾害防治气象保障工程管理办法》《中国气象局人事司关于成立海洋等重点工程项目联合管理办公室的通知》《中国气象局重大业务工程负责人员管理办法（试行）》的通知，将这一模式逐步推广、完善并取得了较好效果。

（二）重点办管理模式

某省市气象局2012年制定了《某市气象部门重点建设项目管理试行办法》。

在管理机制上，该市气象局组建了专门的重点项目管理办公室，对上服务项目领导小组，对下负责协调各内设机构与项目建设单位。项目管理日常工作均以重点项目办为核心展开，重点办全面负责项目在执行阶段的组织、推动、督办与协调。

在职责分工上，市局重点建设项目领导小组负责统筹协调、管理和督办市局各重点项目；重点办负责重点项目日常管理，牵头起草并组织实施重点项目管理的规章制度和工作机制。组织拟订年度重点项目名单、工作目标计划及考核指标。协调指导、督促检查各建设单位推进落实重点项目建设工作。协助局领导协调各内设机构保障重点项目建设。组织对重点项目各职能部门、建设单位考评考核、奖罚工作；建设单位负责组织、督促各参建单位有序加快项目实施，确保完成年度目标任务。协调实施过程中存在问题，无法协调解决的问题及时向市局重点办报告。严格执行国家各项法律、法规和有关规定，负责重点项目建设的进度、投资、质量、安全和效益等工作；各内设机构在各自的职责范围内做好市局重点项目的指导、服务和保障工作。

二、天津市气象重大工程管理存在的主要问题

近年来，天津市政府对气象防灾减灾工作越来越重视，天津市发改、财政部门对气象工程建设投入的力度逐年加大，气象事业发展迎来了新的春天。对比中国气象局及其他省市先进管理经验，天津市气象部门在重大工程管理方面还存在着前期谋划不扎实、职责划分不清晰、执行管理不规范、工程验收不到位等问题。

（一）前期谋划不扎实

重大工程建设事关中长期气象事业发展全局，且普遍存在建设周期长、建设领域广袤复杂等问题，多由监测、预报、服务、信息化等不同业务线条构成项目群的模式出

现。因此，项目前期应在对事业发展现状、短板及规划目标进行科学评估与精准定位基础上，结合中国气象局整体规划和地方气象需求，充分调研各项技术、装备，统筹做好顶层设计，严谨审慎地提出建设内容与目标，科学编制项目方案，确保项目建设符合实际需求，项目技术路线经济可行，进而有效提高资金使用效益。从近年来实际情况分析，当前气象部门部分项目由于前期调研不深入，谋划不到位，导致项目前期设计深度不够，"边设计、边实施"、设计与实施"两张皮""刚建成就落后"的现象仍时有发生。

（二）职责划分不清晰

从职责分工来看，计划财务管理部门是项目管理的牵头部门，主要负责项目的立项审批、资金落实、预算执行督导及竣工验收；由于大多数气象工程以业务建设为主，业务处室在项目的前期谋划、方案编制、建设管理和业务验收环节扮演着重要角色；部分项目按照有关部门的管理要求，成立了专门的项目领导小组及管理办公室，负责项目建设过程中的各项组织协调工作。从工作实际来看，上述三个部门（机构）在日常的项目管理中，由于彼此职责分工存在交叉，没有形成统筹、集约、高效的互动协作工作机制，推诿扯皮现象时有发生，掣肘项目执行。

（三）执行管理不规范

党的十九大以来，国家对政府投资项目的管理日趋规范，特别是对项目变更、资金使用、工程质量方面的要求越来越高，监管越来越严。从实际执行情况来看，部分项目（尤以信息化项目为甚）由于前期工作不扎实，且未实行工程监理制，导致项目执行阶段变更频繁，且没有按照规定程序履行相应审批手续，过程管理缺乏有效监管，存在违规风险。

（四）工程验收不到位

党的十九大提出要全面实施绩效管理。抓好工程验收不仅是考核项目建设成果，实施项目交付使用的必要环节，更是落实实施项目绩效管理的基本前提。近年来，中国气象局针对项目验收工作开展了大量深入细致的工作，制定了气象部门工程竣工验收规范，为各省局做好验收工作提供了制度指引和标准。但从实施情况看，在业务验收与竣工验收环节，仍存在形式单一、方法简单、技术支持不足等问题，验收通过与否主要以专家意见为主，缺少第三方鉴证意见，验收过程存在走过场风险。

三、对策与建议

中国气象局的管理模式在职责分工上较好地与现行的内设机构运行机制进行了衔接，更加注重对项目建设单位或牵头单位的责任落实，充分强化项目建设单位的第一责任人意识；部分省市气象局模式则创造性地提出了由省市气象局组建重点项目办来牵头实施工程建设的工作思路。该模式有利于提升项目执行效率，提高协调解决各类疑难问题的能力,对于加快项目执行,保障工程质量和效益意义重大。结合当前天津市气象局项目管理实际和调研成果,建议在未来重点工程项目管理实践中重点加强如下四方面工作。

(一)加强前期调研和论证

要在前期谋划阶段加强对重点项目的统筹设计,成立专门的项目方案编写团队,明确相关负责人、项目参建单位、项目建设牵头单位、牵头业务处室及分管局领导。项目方案编制完成后,需由牵头业务处室组织专家论证,听取专家意见并修改完善后,报市局审定。

(二)厘清职责边界

考虑天津市气象局实际,建议参照中国气象局管理模式,应重点加强对项目建设牵头单位的责任落实,确保市局有关管理要求与工作任务有的放矢。

(三)加强执行监管

严格落实项目监理制,市局重点项目建设必须实施工程监理制,项目变更、增减项、结余资金使用必须按程序履行相应审批流程。

(四)完善工程验收

建议在项目验收环节根据项目建设规模、内容,适时引入第三方评估、测试、鉴定机构,提高项目验收的技术含量,丰富项目验收的措施手段。同时,要进一步加强项目绩效管理,在继续开展项目绩效后评价工作的同时,探索开展项目立项前绩效评估和项目执行过程中的绩效监控工作,做好项目全过程绩效管理。

关于加快研究型业务高质量发展的调研报告

潘敖大　苏万康　杨苏勤　张远飞

（福建省气象局）

为贯彻落实好习近平总书记对气象工作的重要指示精神，促进气象科研与业务充分融合发展，福建省气象局调研组重点从科技创新平台、创新体制机制、研究型业务发展模式、关键技术能力等方面调查研究，对比分析国内相关单位研究型业务建设和科技创新先进经验，查找福建省短板，提出适应省情的有效措施和针对性做法，推动研究型业务加快发展，推进福建气象强省建设。

一、福建研究型业务现状分析

2019 年在厦门、龙岩、武夷山、平和等地开展基层研究型业务试点。2020 年全省点面结合推动研究型业务发展，在创新平台、体制机制、技术支撑上取得一定进展。

（一）着力搭建"1314"科技创新平台

"1314"科技创新平台由 1 个创新基地、3 个实验室、1 个院士工作站和 4 个野外试验基地组成。平台促进科研和业务融合，"柔性引智"初具规模，科研氛围愈加浓厚。

（二）着力加强关键客观技术能力提升

建成实况到延伸期无缝隙智能网格预报。持续开展数值预报客观产品检验评估。研发网格预报、检验评估、短临预警等五项关键客观技术。其中，自主研发的"最优训练期"客观技术有效提升了预报精准水平。

（三）探索研究型业务机制创新

重构省市县三级业务布局，省级组织科研攻关，市级做强应用型气象科研链，县级着重开展短临预报预警及基于影响的气象服务。常规要素预报实现客观化，省级重点考核客观方法和强天气主观预报，市县只考核预警信号质量。省市调整优化岗位设置和职责，增加检验和研究岗位。

（四）试点基层研究型业务

龙岩发挥"红色圣地"优势，树立基层研究型业务标杆。莆田打造"木兰溪"生态气象服务样本。泉州、平潭打造高山气象景观、蓝眼泪全域旅游气象服务典范。南平以武夷山气候观象台建设为引擎驱动"智慧茶山"气象服务。

（五）构建开放合作协同创新机制

与北京大学、南京大学、台湾大学等十余所高校签署科技合作协议。与华东、华南区域气象部门联合开展数值预报攻关。加强与台湾气象界沟通与交流，形成"两定两常"（定期举办海峡两岸民生气象论坛、定期开展海峡气象青年汇活动、常态化人员往来、常态化对台气象服务）工作模式，扩大影响力，促进两岸气象科技融合发展。

二、新发展对研究型业务建设提出了新挑战

习近平总书记强调，要不断提高贯彻新发展理念的能力和水平，为实现高质量发展提供根本保证。福建正在实施高质量跨越战略，如何加快推动研究型业务，建设高水平科技创新体系，全面提升福建省致灾天气的精准预报水平，是福建气象业务科技工作者们面临新挑战之一。通过调研发现了一些问题。这些问题如果解决不好，影响研究型业务的实施和效果，主要有五个方面。

（一）思想认识不到位

建设研究型业务是实现气象高质量发展的重要举措，也是科技型的气象业务发展一次全面系统的战略转型。部分管理和业务人员认识相对简单。一是对研究型业务重要性认识不足，对发展模式理解还不深刻，只做到上面讲什么就打包什么，一个箩筐什么都往里装。面对业务改革新形势，工作上创新意识不够，没有自动去思考如何发展本地特色的研究型业务。二是有少部分人认为业务单位做好业务就行了，科研是专业部门该做的事。三是还有不少人认为研究型业务就是业务加上科研，没有认识到科研与业务充分融合才是最根本、最关键的。研究型业务就是坚持科研是基础、转化是关键、应用是导向，凝练业务服务中的技术难点，深入开展业务服务中核心技术的研究，以业务需求带动科学技术发展，以科技进步推动业务能力的整体提升。

（二）创新能力不足

创新是研究型业务内在动力。科研活动的本质是解决矛盾与不断创新，从科研开题、分析和转化的每一环节，都离不开创新思维。如何加快创新，做好科研与业务互动，一定程度存在短板。一是科研和业务结合不紧密，存在不同程度"两张皮"现象。二是基层业务人员普遍存在科研能力不足。业务人员能从业务中提炼科学问题，并具备分析问题、解决问题能力不强。三是以技术突破和业务贡献为导向的评价制度尚未完全建立，对研究成果的评价主要依靠课题、文章、项目等数量指标。四是科技贡献率不高，尚未有效打通从科研到业务的"最后一公里"。五是关键性核心业务技术自主创新能力还不够强，尤其是基础研究能力有待提升。六是新技术应用比较滞后。大数据、云技术、5G、物联网和区块链等前沿信息技术与气象学科的交叉融合应用还有待加快发展。

（三）发展模式有待深化

经过近两年研究业务试点建设，有了一个发展框架，但离系统化、标准化、模式化建设还有段距离。一是基层研究型队伍还没有完全建立，预报、服务和科研轮岗制还有待进一步完善。二是业务布局流程与研究型业务建设要求不相适应，岗位设置仍存在不集约，业务平台不适应集约化业务需求。三是应用型气象科研链有待进一步优化。四是省级业务技术支撑有待夯实。五是如何加快建立科学、标准化研究型业务指标体系，指导全省标准化开展研究型业务建设。

（四）科创平台还需倾力打造

科技创新平台能够汇聚人才、资金、制度等多类创新要素，对推动协同创新具有重要意义。然而福建省"1314"科创平台距离国内顶尖仍存在一定差距，创新生态仍需继续完善。一是如何在人员有限编制的前提下，汇聚全省人才，聚集关键性科学问题，在福建核心业务科研取得突破性进展。二是如何有效提高野外科学试验基地科研能力。武夷山气候观象台、九仙山雷电试验基地等还处于发展阶段，科研团队研究成效不显著，尚未形成"科学问题—观测试验—观测事实—机理研究—模式应用研究"闭环。三是机制体制创新上有待加强。作为事业单位的创新平台，执行国家和地方出台的激励科技创新活力发展的新政策有一定不确定性，空间比较小。四是申报省部级以上科技项目竞争激烈。如何拓展申报渠道，强化科技保障，这是亟待解决问题。

（五）科技人才有待进一步加强

人才是第一资源，是推动创新发展的核心。福建省气象科技人才队伍还存在学科带头人、青年骨干、高效创新团队等方面不足。一是缺少学科带头人。福建省有国内影响、战略眼光、能带队伍、业绩突出的学科带头人成长少，核心业务科技话语权"微弱"。二是缺乏科研业务双栖"研业"人才。"研业"人才能将业务问题与科学研究有机结合，能从业务需求出发，开展研究并最终实现成果转化。三是优势科研团队培育力度还不够。高质量创新团队偏少，组织不够有力，协同创新不深入。四是激励机制有待完善。事业单位缺乏科研院所政策灵活性，较难吸引高层次大气科学优秀人才。高层次业务科技人才激励机制不够完善，影响奋发创新的积极性。

三、多措并举推进研究型业务跨上新征程

研究型业务是一个长期的系统工程，是一个开拓创新的过程，也是气象业务技术体制深化改革的内在要求和必经之路。研究型业务目标就是坚持业务与科研并举，在自主创新中不断催生高层次人才和高水平成果，推动气象高质量发展，持续提高气象预报预警水平，以人民为中心，筑牢气象防灾减灾第一道防线。加强宣讲，让全省上下深刻领会研究型业务建设必然性和重要性，以习总书记在福建的思想和实践为遵循,加强党建与业务融合,发展有利于创新人才成长和科技创新的气象文化,省市县一盘棋,同向发力,激发全省干事创业精气神,争创一流业绩。

（一）抓好顶层设计,落细福建特色研究型业务发展模式

坚持"省级引领、一市一中心、一县一方向"三级协同有力的研究型业务发展模式,构建布局合理、岗位优化、流程贯通、系统集约的研究型业务体系。一是省级以创新引领和技术支撑为担当,发挥科研"头雁"和技术"后盾"效应,当好基层研究型业务的推动者。继续做好岗位优化及业务流程再造。提升智能网格预报产品应用及衍生的决策服务产品制作智能化水平,实现岗位集约,加快实现由值班型业务向业务和科研轮岗制转变。建立以业务服务贡献为主要指标创新基层人才考核评价激励机制,推动基层业务人员转型发展。二是建立"1234"研究型业务标准化指标。通过抓一支队伍、两级团队、三项支撑、四重效益等发展,开展观测、预报、服务、科研全链条业务研究,在全省形成业务科研充分融合的规模化示范效应。三是继续发展各具特色的基层研究型业务。围绕融入科技创新中心建设,聚焦本地"服务精细"需求,在基于影响和基于风险的预报预警、特色农业、生态环境、森林防火、交通航运、特色旅游等领域推动建立市县级研究型业务。

（二）坚持"三个面向",精心打造"1314"科技创新平台

面向国际视野、面向国内领先、面向福建重大需求,将"1314"科创平台发展为人才高地,加快聚集高端人才和高新技术研发,对标国内外一流科创平台,增强创新力和影响力,为研究型业务高质量发展走在全国前列。一是攻关基础研究与关键核心技术。集中优势团队,重点攻关台风、暴雨和强对流等灾害性天气基础研究,早日出基础性研究成果,形成多个全国领先的优势学科。推进强天气客观预警、数值预报解释应用及评估、智能网格客观预报等关键技术研发,提升气象科技供给力。加强人工智能技术与气象预报预警业务的融合应用。发展多尺度灾害天气和极端天气事件精准化的预报预测技术。二是积极落实地方公益类研究所政策。争取将省气科所纳入省属公益类科研院所管理,得到省属公益类科研专项支持。争取与省科技厅设立气象联合基金,落实省级财政业务维持费,保障研究型业务发展。用好产学研用机制,深化与企业和社会的横向项目合作。三是打造科研人才"孵化池"。坚持开放发展、共享发展。通过"1314"平台,聘请国内外相关领域学者作为客座研究人员,开展骨干人才培养、技术指导、项目联合申报和研发,加大对海内外气象高层次人才柔性引智的政策扶持。加强与国家业务单位、区域中心、高校合作与交流,争取重大科研项目合作。

（三）创新是动力,科技创新、制度创新两个轮子一起转

创新是一个系统工程,科技创新、制度创新要协同发挥作用,促进科研业务融合。一是加强业务考核的统筹管理。以预报预警工作为切入点,做好加减法,加快实现业

务工作从"勤耕作"向"重技术"转变,从主观预报、服务向客观技术研发转变。二是完善创新体制机制。贯彻落实上级气象部门和地方政府有关科技人才创新激励政策,营造积极进取的气象科技创新氛围。建立以科技突破和业务贡献为导向的气象科技创新评价制度。健全完善高层次人才分类考核评价机制,进一步调动人才创新创业积极性。改进创新团队和首席专家选拔考核激励机制,促进创新引领人才培养。三是用好人才评价指挥棒。完善科技人员绩效考核评价机制,把科研人员从不合理的经费管理、人才评价等体制中解放出来,营造有利于激发科技人才创新的生态系统。四是加强研究型业务科技管理创新。加强基层业务人员科研能力培训。做好科技成果转化,打通从科研到业务的"最后一公里",推动业务能力提升。

(四)人才是关键,加快高层次人才队伍建设

一是积极造就一批具有国际水平、深怀爱国情怀、勇于创新发展的气象杰出人才、领军人才、优秀人才。二是加快优秀青年后备人才队伍建设,重点培养科研业务双栖"研业"人才,保持和提升气象科技重点领域的创新能力。三是注重在人工智能应用、大数据分析、云计算等专业领域的人才引进与培养储备。四是培育建设3~5支"方向明确、结构合理、协同有力、持续稳定"金牌创新团队。

加强政策供给 推进更高水平气象现代化专题调研报告

彭 军 杨志彪 张鸿雁 成 道 张冰松 车 钦

(湖北省气象局)

党的十八大以来,湖北省气象局全面贯彻落实"创新、绿色、协调、开放、共享"的新发展理念,全面推进湖北气象现代化工作并取得显著成效。为进一步优化气象现代化政策环境,加强政策供给调研,由彭军副局长带队,现代化办围绕调研主题,采取文献调研和实地调研相结合的方式,深刻领会习近平总书记对气象工作的重要指示精神,结合中国气象局推进气象现代化重要政策措施和外省先进经验,分析湖北推进气象现代化存在短板和政策薄弱环节,提出"十四五"期间推进更高水平气象现代化建设的基本政策思路。

一、党的十八大以来湖北全面推进气象现代化主要做法及成效

通过调研分析,湖北全面探索具有本省特色的气象现代化科学发展路径,气象信息化支撑水平不断夯实,气象核心关键技术取得新突破,智慧气象业务再上新台阶,气象服务保障能力稳步提升,气象科学管理水平规范有效,基层气象事业协调发展。这些成果的取得,得益于湖北省气象局全面推进气象现代化建设的探索实践。

(一)坚持合作联动,建立气象现代化推进机制

一是政府主导提供政策支撑。党的十八大以来,积极争取各级党委政府对气象现代化的重视,各级政府先后出台了全面推进气象现代化建设的意见和实施方案,并在"十三五"收官之际,又先后出台了更高水平气象现代化的建设方案,为全面推进气象现代化建设提供了根本遵循。二是部省合作形成建设合力。2009年4月,中国气象局与湖北省人民政府在全国率先开启了部省合作的征程。2012年,全面推进气象现代化建设后,湖北以部省合作平台为载体,建立了多种气象现代化协调推进机制。2020年7月,签署了新一轮部省合作协议,凝聚了共建共推具有湖北特色气象现代化强大合力。三是部门联动共建良好局面。2014年,联合省统计局印发《湖北省全面推进气象现代化考核办法》,每年考核评估各市州政府气象现代化进展,促进了基层气象现代化建设有序推进;与民政、农业、水利等其他26个政府职能部门就气象防灾减灾和气象现代化建设建立了联动机制,形成了部门共建气象现代化的良好局面。

四是财政支持完善保障机制。联合省财政厅下发《关于支持气象事业发展完善财政保障机制的通知》,督促各地建立了支持地方气象事业发展的保障机制。

(二)坚持需求牵引,谋划气象现代化发展思路

一是面向需求做好顶层设计。紧紧围绕"长江经济带"国家战略、湖北"建成支点、走在前列"等发展战略,科学规划重点项目引领气象事业发展。2016年与省发改委联合印发《湖北省气象事业发展"十三五"规划》,对接国家战略,立足省情,着眼未来,确定了"长江经济带绿色发展气象保障"等六大工程,为建设更高水平气象现代化打下基础。二是统筹集约项目带动发展。瞄准气象科技信息化发展方向,集中规划建设重大基础设施和业务系统,增强规划的刚性约束,避免分散建设形成孤岛。三是定期评估补齐发展短板。建立健全气象现代化科学评估体系,依据《湖北省全面推进气象现代化考核办法》,考核各地气象现代化建设情况,进一步提高各地党委政府重视程度;同时制定《湖北省更高层次气象现代化指标体系和评估办法》,全面查找各地气象现代化建设短板,为科学谋划项目建设提供决策依据。

(三)坚持创新驱动,推进气象现代化协调发展

一是科技创新提升核心业务能力。坚持引智聚资,联合攻关气象现代化发展先进技术,与中科院大气所、南京信息工程大学等院所、高校建立局所、局校合作机制,开展极端灾害性天气预报、灾害风险评估等多领域科研合作。发挥武汉暴雨所科研辐射作用,重点围绕制约暴雨理论突破和预报水平提高的关键科技问题开展协同攻关。二是项目建设推动区域和上下协调发展。加强长江流域气象中心建设,逐步完善长江中游暴雨监测外场试验基地,建设暴雨监测预警湖北重点实验室,促进区域协调发展。从基层气象现代化建设短板着手,推进强基工程建设,提高气象服务供给能力。三是机制创新驱动人才协调发展。加强人才培养,完善人才管理体制机制,建立了学科带头人、首席专家、科技拔尖人才、青年新秀梯次选拔培养体系,通过设立重大科技和业务项目、成立创新团队等措施带动了人才的快速成长。坚持党管人才,将人才工作纳入各单位工作目标责任制。坚持科学规划,精准引进,人才队伍结构、梯次逐渐合理。

(四)坚持改革推动,适应气象高质量发展需要

一是深入推进业务科技体制改革,进一步优化业务布局,大力发展华中区域数值预报模式和城市环境预报数值模式,加强模式的研发和稳定运行为精准预报、精细服务提供强有力的技术支撑。二是深入推进气象服务体制改革,推动气象服务体制改革转变服务方式,开展基层公共气象服务标准化建设,增强气象服务的有效供给能力。三是深化"放管服"改革,创新安全监管模式,推进防雷减灾体制改革,构建"政府领导责任、部门监管责任、企业主体责任"三位一体的防雷安全责任体系。

二、气象现代化面临的形势和挑战

（一）国家新发展阶段对气象现代化提出更高的要求

党的十八大以来，社会日益增长的美好生活需求和气象能力发展不平衡不充分问题成为气象事业发展首要解决的矛盾，党的十九大报告提出的两个百年交汇期和全面建成社会主义现代化强国赋予了气象部门新的历史责任。党的十九届五中全会公报提出，我国已进入高质量发展的新发展阶段，要坚持新发展理念，构建以国内大循环为主体、国内国际双循环相互促进的新发展格局，并对国家治理体系和治理能力现代化作出新的定位，有效市场和有为政府的关系、乡村治理、基本公共服务均等化、总体国家安全观等新的论述对气象现代化提出了新要求。习近平总书记重要指示精神，明确了气象工作的根本方向、战略定位、战略目标和战略任务，更高水平气象现代化建设必须遵循以人民为中心的发展思想，充分发挥气象防灾减灾第一道防线作用。

（二）湖北高质量发展和疫后重振给气象现代化带来新发展

一是湖北高质量发展重大战略实施需要气象现代化作为坚强保障。习近平总书记在全面推动长江经济带发展座谈会上，提出长江经济带"主战场、主动脉、主力军"的新定位，湖北省委对标在长江经济带、中部崛起国家战略定位，提出"中部领先，全国前列"的发展目标，把湖北打造成为国内大循环的重要节点和国内国际双循环战略链接，以及实施"一主两翼"、乡村振兴、长江大保护、生态文明、三大攻坚战等重大高质量发展战略，需要气象部门提供坚强保障。二是湖北疫后重振给气象现代化建设带来新机遇。湖北作为疫情防控的主战场为全国打赢疫情防控阻击战作出了突出的贡献，中央一揽子政策也为湖北疫后重振带来新的机遇，湖北省气象部门需要把握机遇，积极争取重大项目和相关政策，推进更高水平气象现代化，全力保障湖北经济社会复苏。三是部省合作对湖北气象现代化建设提出新任务。新一轮部署合作，为共同推进湖北"十四五"气象事业高质量发展注入新动力，并提出到2025年，基本建成适应湖北经济社会高质量发展需要的气象现代化体系。

（三）科技创新给气象现代化带来机遇与挑战

党的十九届五中全会提出"坚持创新在我国现代化建设全局中的核心地位"，创新将是"十四五"期间和未来十五年的现代化建设核心。要做到"监测精密、预报精准、服务精细"的高质量发展，必须要创新理念，坚持系统观念，全面贯彻新发展理念，加快科技创新。历史上气象事业的三次飞跃都是以科技创新革命为引领的，以大数据、人工智能、互联网、云计算等为标志的第四次科技革命正在为以数值模式为内核的新时期气象事业发展增添更强劲的动力。以数据、算力、算法为内涵的智能数字气象业务将成为未来气象业务发展的新业态，更高水平气象现代化将紧紧围绕丰富数据、提高算力、研发算法，特别是算法创新将成为未来气象科技创新的主战场。

（四）不足和短板倒逼更高水平气象现代化建设加快进程

适应新发展阶段的高质量发展需求，湖北省更高水平气象现代化建设也还存在一些政策不足。一是对标以人民为中心的公益气象服务定位，公共财政保障机制还不尽完善，基层财政保障水平不平衡，谋发展后劲不足。二是对标智能数字气象业务新方向，推进数据、算力、算法还存在短板，数据质量评估体系、保障算力的信息化系统建设扁平集约化管理体制、创新驱动算法研发的体制机制等问题还需深入研究。三是对标高质量发展，人才队伍建设有待进一步推进，推动基层人才队伍的稳定和发展、高层次领军人才的培养政策还需进一步研究。这些不足制约了事业的发展，倒逼湖北省要加快推进更高水平气象现代化建设。

三、推动新发展阶段更高水平气象现代化建设的重大政策供给思考

（一）主动融入国家防灾减灾救灾体系建设

充分把握气象防灾减灾第一道防线的职能定位，进一步完善党委领导、政府主导、部门联动、社会参与的气象灾害防御机制，加强与应急等部门深度融合，将气象现代化建设纳入国家应急管理体系和能力现代化建设，发挥气象防灾减灾在国家综合防灾减灾链各环节中的基础性和先导性作用。要发挥气象灾害风险管理的支撑作用，发展集气象灾害监测、风险预警、风险预估、应急响应、灾后评估于一体、全链条的气象灾害风险管理业务。

（二）建立实现公共气象服务均等化的配套政策

党的十九届五中全会提出基本公共服务均等化水平明显提高的目标。公共气象服务融入地方基本公共服务体系，需要建立完善体制，确保其适应互联网新技术发展，充分发挥融媒体在气象信息传播中的作用。把握有效市场和有为政府的关系，围绕气象服务供给侧改革，加强省市县三级公共气象服务布局，整合优势力量，构建智慧、集约、多元、规范的气象服务体系，推动气象服务转型发展。

（三）主动融入治理现代化强化乡村振兴气象保障作用

紧扣乡村振兴基层治理现代化，发展适应现代农业的气象为农服务体系，加强顶层设计，全省一盘棋科学推进，探索实现基于"互联网＋"的个性定制、精准供给、互动共创、全程追溯的智慧气象为农服务体系。建立配套的特色农业气象服务中心运行体制机制，发挥其辐射和示范引领作用。

（四）构建覆盖多领域的生态文明气象保障服务体系

保障生态良好，建立基于湿地、生态保护区、水资源等各类生态资源，并贯穿监测、评估、服务、制度保障等全流程的生态气象业务体系，完善相关技术指标，形成闭环业务体系。围绕长江经济带建设，进一步完善长江流域气象中心职能，充分发挥其

区域协调发展的作用。建立大气环境治理气象服务业务体系,规范大气环境监测、预报、改善、评价全过程。

(五)建立智能数字气象业务新业态的配套政策

瞄准智能数字气象发展方向,围绕数据、算力、算法三要素,完善相关政策供给。数据是新业态的基础,要在完善数据收集的基础上,加强数据质量管理认证体系建设;算力是新业态的支撑,要利用规划的刚性约束,提高信息化建设的集约程度。算法是新业态的内核,要大力支持智能数字气象业务的算法研发,发挥人才的主观能动性,提升创新能力,建立基于算法研发的研究型业务管理体系。

(六)强化政策供给提升气象科技创新核心竞争力

党中央将创新放到核心位置,也给气象科技创新带来新的机遇。应当建立更加开放的气象科技创新平台,完善相应的工作机制,加强横向合作,吸引国内外更多的优秀机构、人才加入到湖北气象科技创新中来,丰富气象科技创新的内涵。要充分研究和用足国家、地方科技创新政策,建立更加灵活、更加激励的科技创新体制机制,调动气象科技创新的积极性、主动性和创造性,激发科技创新活力通过政策供给提升核心竞争力。

(七)提升气象现代化建设保障能力

主动融入地方,提升政策环境、保障措施、人才队伍等基础保障能力。一是进一步完善党委领导、政府主导、部门合作、社会参与的气象现代化建设工作机制。各级气象部门要主动对接,建立健全更高水平气象现代化协调推进工作机制。省级要建立更高水平气象现代化的考评评估制度,促进各项任务的落实落地。二是结合国家相关改革,充分发挥中央和地方两个积极作用,制定地方事权相配的财政保障机制。三是加大基层人才和高层次领军人才引进和培养力度,在中国气象局指导下改革人才招录招聘制度,确保人才引得进、留得住。创新人才发展机制,完善科学的人才培养使用、考核评价机制,营造优秀人才成长环境。